长江流域生态环境治理丛书

城镇污水管网提质增效关键技术与工程实践

林晓虎　岳青华　周文明　魏　俊　王建广　主编

同济大学出版社
TONGJI UNIVERSITY PRESS
·上海·

图书在版编目(CIP)数据

城镇污水管网提质增效关键技术与工程实践 / 林晓
虎等主编. —上海：同济大学出版社，2024.5
ISBN 978-7-5765-0745-4

Ⅰ. ①城… Ⅱ. ①林… Ⅲ. ①城市污水处理—研究
Ⅳ. ①X703

中国国家版本馆 CIP 数据核字(2023)第 165645 号

“十四五”国家重点出版物出版规划项目
长江流域生态环境治理丛书

城镇污水管网提质增效关键技术与工程实践

林晓虎　岳青华　周文明　魏　俊　王建广　主编

责任编辑：　朱　勇　　王映晓
责任校对：　徐春莲
封面设计：　张　微

出版发行　　同济大学出版社　www.tongjipress.com.cn
　　　　　　（地址：上海市四平路1239号　邮编：200092　电话：021-65985622）
经　　销　　全国各地新华书店、建筑书店、网络书店
排版制作　　南京文脉图文设计制作有限公司
印　　刷　　启东市人民印刷有限公司
开　　本　　787mm×1092mm　1/16
印　　张　　12.5
字　　数　　258 000
版　　次　　2024 年 5 月第 1 版
印　　次　　2024 年 5 月第 1 次印刷
书　　号　　ISBN 978-7-5765-0745-4
定　　价　　68.00 元

本书编委会

顾　问：徐建强　解继业
主　审：程开宇　韩万玉　李俊杰
主　编：林晓虎　岳青华　周文明　魏　俊　王建广
副主编：李士义　方海峰　王礼兵　傅生杰　张宝华　严　桥
参　编：吴立俊　于海兰　何　岩　郭　帅　王　瑞　郭　聪
　　　　董敬磊　葛　卿　安　冬　焦建格　黄森军　高锐涛

支持单位：中国电建集团华东勘测设计研究院有限公司
　　　　　华东师范大学
　　　　　合肥工业大学
　　　　　中国计量大学

■ 前 言 ■

PREFACE

党的十八大以来,我国将生态文明建设纳入中国特色社会主义事业总体布局,走出了一条生产发展、生活富裕、生态良好的文明发展道路,美丽中国建设迈出重大步伐。水环境与水安全事关人民幸福生活和社会和谐发展,长期以来,我国在水环境保护上投入了大量的工作。随着污水处理等系列设施的建设完善和水污染控制,污水处理成效显著,河湖水环境明显改善,但与生态文明保护和美丽中国建设的要求尚有差距。在污水处理方面,我国还面临着较为复杂的问题,特别是污水管网的建设与维护相对滞后,污水收集系统效能较低,而管网作为污水处理提质增效的关键一环,直接影响到污水处理效能和河湖水环境质量的进一步提升。2019年,住房和城乡建设部等三部委联合印发《城镇污水处理提质增效三年行动方案(2019—2021年)》,加快补齐城镇污水收集和处理设施短板,尽快实现污水管网全覆盖、全收集、全处理。由此,我国各省、市、区纷纷集中开展污水处理提质增效工作,其中管网的补短板和缺陷整治成为工作重点。因此,本书将主要聚焦于污水管网,探讨污水管网的提质增效关键技术与工程实践。

当前,全国污水管网提质增效经过了几年的探索与实践,取得了系列的成果与效益。在此期间,作为我国水环境保护的重要参与者,中国电建集团华东勘测设计研究院有限公司(以下简称"华东院")踊跃投身于全国各地的污水处理提质增效工程实践中,结合课题研究与工程实践,在污水处理提质增效、排水管网诊断与修复等方面积累了一定经验。站在这个重要的时代新征程、新起点上,本书尝试结合华东院等行业内相关单位的研究探索与工程实践,阶段性地总结和分析污水管网提质增效工作的经验和成果,介绍污水管网提质增效中的关键技术及其研究与应用实例,以期助力于城镇排水管网、污水处理提质增效相关工程项目顺利实施,并为领域内研究与工程技术人员在相关设计与研究方面提供一定的参考借鉴。

全书内容上分为技术篇、案例篇两篇。技术篇包括第1章～第5章。第1章简要概述城镇污水管网提质增效的实施背景,包括国内外政策背景、污水提质增效工程的部分实践。第2章主要介绍三种排水管网预诊断评估技术,分别是基于水质水量、模型及同位素的污水管网系统诊断与评估方法,此外,对国内外已有的其他常见管网诊断评估方法进行了归纳。第3章综述国内外排水管网检测技术,包括传统检测方法和目前的主流检测法,并对排水管道常见的缺陷类型及其影响因素进行了系统分析与研究。第4章综述排水管道开挖、非开挖修复技术，并根据不同实施环境进行了修复方法的比选研究。第5章综述智慧管网的一般实施流程和步骤。

案例篇结合华东院近几年开展的排水系统提质增效工程项目和相关研究课题，着重分析了5个代表性案例，详述了污水管网提质增效项目的主要过程和评估分析。其中，案例一是采用水质水量分析方法对污水系统进行预诊断；案例二是采用模型对排水管网进行分析评估；案例三和案例四介绍了两项污水系统提质增效项目的技术思路、主要过程与成效；案例五则是基于案例四的项目，采用水质水量分析方法对工程实施前后进行分析，评估污水系统提质增效实施成效。

此外，本书附录还整理了排水系统设计工作相关的标准、规范及相关工具表格。

本书的研究与工程实践得益于相关项目的各级政府与业主单位，合肥工业大学、华东师范大学、中国计量大学等高校，以及长江生态环保集团有限公司及其安徽区域公司等单位的大力指导与支持。在编写过程中还引用了同行公开发表的有关文献与技术资料，在此一并表示感谢。

污水管网提质增效工作尚处于攻坚阶段，有待新思路、新理念、新技术的发展与应用。由于编写时间有限，且限于当前理论和实践的认知水平，书中难免存在疏漏，敬请读者以及行业专家批评指正！

编　者

2023年10月

目 录

CONTENTS

案 例 篇

技　术　篇

第1章

城镇污水管网提质增效概况

1.1 政策背景

2018年6月16日,《中共中央 国务院关于全面加强生态环境保护,坚决打好污染防治攻坚战的意见》中提出,到2020年,生态环境质量总体改善,主要污染物排放总量大幅减少,环境风险得到有效管控,生态环境保护水平同全面建成小康社会目标相适应。在着力打好碧水保卫战中,要求打好城市黑臭水体治理攻坚战,实施城镇污水处理"提质增效"三年行动,加快补齐城镇污水收集和处理设施短板,尽快实现污水管网全覆盖、全收集、全处理。

2019年4月29日,住房和城乡建设部、生态环境部、国家发展和改革委员会印发《城镇污水处理提质增效三年行动方案(2019—2021年)》(建城〔2019〕52号),要求建立污水管网排查和周期性检测制度,进行管网混错接改造、管网更新、破损修复改造等,实施清污分流,全面提升现有设施效能。城市污水处理厂进水生化需氧量(若无特殊说明,本书中的生化需氧量均为五日生化需氧量,记为BOD_5)浓度低于100 mg/L的,要围绕服务片区管网制订"一厂一策"系统化整治方案,明确整治目标和措施。

为了落实国家发布的污水处理提质增效三年行动计划,各地结合总体任务要求与实际情况,制定了省级层面的行动计划方案,部分省(直辖市)的方案与目标见表1-1。

表1-1 我国部分省(直辖市)的污水处理提质增效行动方案及目标

政策名称	主要目标
上海市城镇污水处理提质增效三年行动实施方案(2019—2021年)	消除建成区生活污水直排口,消除生活污水收集处理设施空白区和黑臭水体,城市生活污水集中收集效能显著提高
江苏省城镇污水处理提质增效精准攻坚"333"行动方案(2020年2月出台)	县以上城市开展"三消除"(消除城市黑臭水体、消除污水直排口、消除污水管网空白区)、"三整治"(整治工业企业排水、整治"小散乱"排水、整治阳台和单位庭院排水)、"三提升"(提升城镇污水处理综合能力、提升新建污水管网质量管控水平、提升污水管网检测修复和养护管理水平)措施,构建城镇污水收集处理新格局

政策名称	主要目标
浙江省城镇污水处理提质增效三年行动方案（2019—2021年）	全省基本实现截污纳管全覆盖，县级及以上城市建成区基本无生活污水直排口；基本消除生活污水收集处理设施空白和黑臭水体；污水处理厂平均进水 BOD$_5$ 提高到 100 mg/L 以上，生活污水收集效能显著提高
安徽省城镇污水处理提质增效三年行动实施方案（2019—2021年）	2019—2021年，全省每年改造修复市政污水管网 800 km 以上，持续推进污水处理设施建设及提标改造； 到2020年底，全省设区的市建成区基本消除黑臭水体，基本完成城市污水处理厂提标改造； 到2021年底，全省设区的市建成区基本无生活污水直排口，基本消除生活污水收集处理设施空白区，基本完成市政雨污错接混接点治理及破旧管网修复改造，城市生活污水集中收集效能显著提高
重庆市城镇污水处理提质增效三年行动实施方案（2019—2021年）	全市城市建成区基本无生活污水直排口，基本消除生活污水收集处理设施空白区和黑臭水体，城市生活污水集中收集效能显著提高。城镇污水处理厂进水 BOD$_5$ 稳定高于 100 mg/L

2022年1月12日，国务院办公厅转发国家发展改革委、生态环境部等部门联合发布的《关于加快推进城镇环境基础设施建设的指导意见》，强调要健全污水收集处理及资源化利用设施，推进城镇污水管网全覆盖，推动生活污水收集处理设施"厂网一体化"，加快建设完善城中村、老旧城区、城乡接合部、建制镇和易地扶贫搬迁安置区生活污水收集管网。加大污水管网排查力度，推动老旧管网修复更新。长江干流沿线地级及以上城市基本解决市政污水管网混错接问题，黄河干流沿线城市建成区大力推进管网混错接改造，基本消除污水直排。

2022年3月28日，住房和城乡建设部、生态环境部、国家发展改革委、水利部发布《深入打好城市黑臭水体治理攻坚战实施方案》，对城市生活污水收集处理提出了要求：推进城镇污水管网全覆盖，加快老旧污水管网改造和破损修复。在开展溯源排查的基础上，科学实施沿河沿湖旱天直排生活污水截污管道建设。公共建筑及企事业单位建筑用地红线内管网混错接等排查和改造，由设施权属单位及其主管部门（单位）或者管理单位等负责完成。到2025年，城市生活污水集中收集率力争达到70%以上。现有污水处理厂进水 BOD$_5$ 浓度低于 100 mg/L 的城市，要制定系统化整治方案，明确管网排查改造、清污分流、工业废水和工程疏干排水清退、溯源执法等措施，不应盲目提高污水处理厂出水标准、新扩建污水处理厂。到2025年，进水 BOD$_5$ 浓度高于 100 mg/L 的城市生活污水处理厂规模占比达90%以上。结合城市组团式发展，采用分布与集中相结合的方式，加快补齐污水处理设施缺口。有条件的地区在完成片区管网排查修复改造的前提下，采取增设调蓄设施、快速净化设施等措施，减少合流制管网雨季溢流污染，降低雨季污染物入河湖量。

近两年，江西省、福建省、安徽省等省陆续发布污水处理提质增效攻坚行动方案（表

1-2),以进一步加快补齐城镇生活污水处理设施建设短板,提升城市污水处理效能和水平。一些城市在已有的提质增效工作基础上,持续加大力度,补齐城镇污水管网收集短板。湖北省宜昌市、安徽省芜湖市等地在开展了多项污水提质增效工程后,继续规划并推进管网攻坚战项目,以解决部分地块雨污水分流不彻底、市政污水管网漏损淤堵较为严重等问题,补齐城市污水管网短板,改善居民居住环境。

表1-2 部分省份新发布的污水处理提质增效攻坚行动方案及目标

政策名称	主要内容
江西省城镇生活污水处理提质增效攻坚行动方案(2022—2025年)	到2025年底,全省新建污水管网2 400 km以上、改造污水管网1 600 km以上、新增污水处理能力50万 m^3/d 以上。所有城市建成区基本消除生活污水直排口、生活污水收集处理设施空白区和黑臭水体。 到2025年底,城市生活污水集中收集率力争达到70%以上,进水 BOD_5 浓度高于100 mg/L的城市生活污水处理厂规模占比达90%以上;县城生活污水集中收集率较2021年提高10%以上,各县城生活污水处理率达到95%以上,城镇生活污水处理厂进水 BOD_5 达到100 mg/L以上或较2021年底提升20 mg/L以上
福建省深入推进城市污水处理提质增效专项行动实施方案	到2025年底,基本消除城市建成区生活污水直排口和收集处理设施空白区;生活污水集中收集率达到70%以上,进水 BOD_5 高于100 mg/L的生活污水处理厂规模占比达90%以上。 到2025年底,基本补齐县城污水收集管网短板,污水处理能力满足处理需求,生活污水处理厂进水 BOD_5 明显提升,污水处理率达到95%以上
安徽省城市污水管网整治攻坚行动方案(2023—2025年)	到2025年,全省设市城市基本完成建成区市政污水管网修复改造,城市生活污水集中收集率达到70%以上,进水 BOD_5 高于100 mg/L的城市生活污水处理厂规模占比达到90%以上;县城建成区基本消除生活污水直排口、收集处理设施空白区和黑臭水体

1.2 国外污水系统提质增效实践

1.2.1 美国污水提质增效实践

美国是最早开展排水系统提质增效措施的国家之一。在17世纪的荷兰殖民时期,曼哈顿宽街中间建设有一条沟槽,沟槽上铺有顶板,这构成了较早的排水管道结构。1849年,纽约市开始兴建下水道系统,但对污水并没有作任何处理,而是直接排入自然水体。直至19世纪晚期,美国首次建立了一所现代化的污水处理厂,对污水进行氯处理后再将其排入海中。实践证明了污水处理厂对整个污水系统的重要性。因此,1931年,美国开始推广建设污水处理设施。1990年,绿色基础设施(Green Infrastructure)的概念在美国崭露头角,合流制溢流污染控制体系逐渐形成。近几十年来,美国在排水管网方面实施的具体措施可归结为以下几方面[1]。

1. 源头控制

排水系统的源头控制主要是为了提升对污染物的收集与去除效率,包括消除污水收集处理设施空白区,逐步实现清污分流,降低外水(也称外来水)比例,降低管道运行液位,进一步提升管网的流速和污染物的浓度,提高脱氮除磷效率,以减少碳源、除磷等药剂的投加量。另外,海绵城市建设实践表明,"渗、滞"等源头控制设施在雨季对排水系统削峰、错峰方面也有明显作用,还能削减污水处理过程中温室气体的排放,并降低污水处理厂的运行能耗。

纽约市是采用绿色基础设施改造旧排水系统的典型城市,包括基础设施建设的规划、实施过程、监测评估以及成本效益分析等各环节都融入了绿色改造的思想。在解决合流制溢流问题时,纽约市采用绿色基础设施和灰色基础设施相结合的改造方案,并于2010年9月发布了《纽约市绿色基础设施规划》[2]。

2. 改变排水体制

将合流制改建为分流制,是减少污水直接进入天然水体的最佳办法,也是美国很多城市的首选措施。但是在人口密集的城市,将合流排水系统改建为分流制系统,往往工程浩大,难以选用。在人口密集、土地紧张的某些美国城市,主要措施是加大下水道管径、提高下水道储水能力以及增设调蓄池。

中途调蓄可以建设在线或离线调蓄设施(调蓄池、深隧等),也可利用管网在线调蓄。调蓄池或具有处理功能的高效调蓄处理池(Retention Treatment Basin, RTB)在欧美等发达国家得到了较广泛的应用,不仅可以在雨季峰值流量期间进行调蓄,减少合流制溢流(Combined Sewer Overflow, CSO)频次或溢流总量,而且将处理功能与调蓄功能相结合,可以有效削减污染物。

美国许多城市还开发了大型的深层隧道系统以存储和保持溢流,这些溢流将被送至污水处理厂处理或定向到单独的下水道。

3. 厂-网联调联控技术应用

要应对城市雨季峰值流量,仅靠绿色基础设施或灰色基础设施(调蓄池等),不但投资大,而且运行成本不经济。因此,发挥设施之间的联动性是最经济可行的。

自20世纪90年代开始,美国对如何发挥排水管网、调蓄设施与末端污水处理厂之间的联动进行了大量研究和实践,从厂-网一体化的管控角度,采用实时控制(Real Time Control, RTC)技术进行联调联控,利用软件模型计算实时水量与时间,将系统的被动运行转变为主动控制,有效提高系统空间容量和处理能力的使用率,在同等条件下减少合流制溢流污染和内涝风险、提高污水处理率。实践证明,RTC技术对提高城市排水系统弹性具有优势,在不增加现有主要设施的基础上,可实现对CSO溢流量减少23%以上的目标。

此外,对管网系统采用分布式流量控制,控制上游向下游主干管网的输送速度,能够对污水处理厂流量起到削峰作用。该方式被证明是经济有效的。美国路易斯安那州基于大量的监测数据,证明了污水管网在采取分布式流量控制的情况下控制的溢出量比被动情况下少79.1%。具体实施过程中对管网中关键位置的阀门进行动态控制,当水厂达到最大处理能力或管网达到最大输送能力时才允许溢流,从而实现对管网空间的充分利用,减少调蓄池等设施的投资。

1.2.2　德国污水提质增效实践

德国排水系统设计理念先进,起步较早。1842年,汉堡市率先修建了一座覆盖城市范围的排水系统;同年,英国工程师William Lindley为汉堡市策划并设计了首个冲式排水系统;1867年,法兰克福成功建成了首个系统化的合流制现代化下水道系统。在1984年,德国对污水管网系统进行了全面排查,并在1995年之后制定了每3年1次的排查制度。德国衡量污水收集水平的指标为污水纳管率,其按污水管网服务范围的居民人口数计算,即纳管人口数占总人口数的百分数,这种方法直观反映了污水的收集情况。截至2010年,德国公共排水管道总长已达54万km。

2004年,德国开始采用现代排查技术,如闭路电视检测[Closed Circuit Television (CCTV) Inspection]、潜望镜检测[Quick View(QV) Inspection],对公共排水管道进行检测,德国平均污水纳管率为97.6%。2009年,德国水、污水和废弃物处理协会(DWA)对公共排水管道情况作了全面总结和评价,并增加了排水管道的剩余使用年限和可使用年限的评估内容;该年德国平均污水纳管率为98.8%,较2004年提高了1.2%,且呈现城镇规模越大、污水纳管率越高的特点[3]。德国将排水系统的全面排查作为重点工作,这也为后续开展管道修复奠定了基础。

1.2.3　新加坡污水提质增效实践

早在20世纪60年代,新加坡就面临着严重的水污染和水资源短缺问题,结合经济社会发展需要,新加坡启动了治水工作。经过几十年的发展,新加坡在水资源与环境方面已经取得了显著的成效,解决了城市水危机,极大提升了水环境质量。新加坡城市水系统发展可归结为四个阶段:①探索阶段(1965—1977年);②综合治理阶段(1978—1987年);③稳步提升阶段(1988—2002年);④创新发展阶段(2003年至今)。

近年来,新加坡通过加强雨水循环利用,减轻城市内涝,将水资源规划与城市规划相衔接,统筹土地利用,设置集水区和雨水收集池。集水区是供水、排水管网全面覆盖、统一供应、统一收集、统一处理的用水区域,实现了雨水、污水的全收集和全分离。降雨半小时后的雨水经收集处理后进入附近水库作为水源,初期雨水及生活污水经污水处理厂处理后循环再生或外排入海。目前,新加坡集水区占国土面积的2/3以上,规划至2060年达到90%。

新加坡的水管理在总体层面更注重系统规划、统筹布局,在实施层面实现了水量与水质的平衡、供给与需求的平衡,形成了政府-企业-公众的多层级治理体系,探索出具有特色化与效率化的城市水管理经验[4]。

1.2.4　日本污水提质增效实践

日本排水管道发展经历了以下四个阶段。

(1) 起步阶段(20世纪50年代):这一阶段日本频繁发生涉水事件,相关政策和管理框架初步建立。

(2) 快速发展阶段(20世纪50—70年代):在日本经济迅速增长和城市化加速的背景下,治水法律体系不断完善。

(3) 提质增效阶段(20世纪80年代—2014年):这一时期,日本人口增速减缓,尽管涉水问题仍未完全解决,但管网系统的建设和管理水平得到显著提升。

(4) 系统化阶段(2014年至今):现在,单一的措施难以解决系统性问题,基础设施老化问题愈发显著,健康水循环理念也在实践中得以贯彻。

具体的,日本在排水管网提质增效实践中解决的重点问题之一就是消除管网盲区,力争所有城市的排水管网普及率(测算区域管网服务面积与测算地区的面积之比)达到100%。日本在消除排水管网盲区方面成效显著。2005年,日本横滨市的排水管网普及率已达99.7%,东京市排水管网普及率达到100%。在实际工程中,日本对排水管道普及率概念的理解存在争议,有的学者主张采用"排水管网密度"指标。此外,日本并不提倡全部采用分流制,原因是分流制虽然可以避免一定的溢流污染问题,但是也存在工程实施难度大、造价高、容易引发面源污染等新的问题。近年来,经过实践,日本认为灵活调配合流与分流比例更符合其国情。

日本城市中实施合流制的有192座,区域内人口约占日本总人口的20%。东京23个行政区82%应用的都是合流制。在政策上,采用合流制的城市排放到自然水体中的污染物总量与采用分流制的城市等同,均严格限制 BOD_5 排放量,明确规定处理区域小于1 500 hm²,须在2013年完成整改;大城市则在2023年前完成。在控制合流制溢流污染问题上,采取提高截留污水量、修建蓄水池、提高污水处理厂处理量、改善溢流口结构和增加格栅等措施。大阪市采用"雨天活性污泥法"以提高污水处理厂的处理量:通常情况下,合流制城市在面临1倍旱季最大流量时才采用活性污泥处理,其余混流水只需经过初沉处理就可排放到自然水体;而新方法则可以处理3倍旱季最大流量的雨季合流水,2007年3月,大阪市所有的污水处理厂都引进了"雨天活性污泥法"来改善合流制的溢流问题。横滨市自1950年起系统建设下水道;1994年起,进一步规划并开展下水道的建设与整治工作,改善合流制排水系统,推进污水深度处理,向保护与创造舒适水环境和建设能够抵御洪水灾害的安全城市方向努力[5,6]。

经过大力整改,日本的下水道系统得到优化,污水处理能力得以提高。同时,日本各区域的下水道系统也得到了统一规划和管理,有效减少了污水溢流和异味污染,城市污水处理率显著提高。

1.3　国内污水管网提质增效概况

1.3.1　长江经济带污水提质增效现状

长江大保护使长江经济带成为污水处理提质增效工作中的重点实施区域。长江经济带横跨我国东、中、西三大区域,覆盖湖北、湖南、重庆、浙江、安徽、江西、四川、云南、上海、江苏、贵州等 11 个省(直辖市),总面积 205 万 km^2。区域内人口占全国的 21.4%,而生产总值和人口均超过全国的 40%,是我国经济中最有潜力、最活跃的区域之一。但由于快速开发建设和缺乏保护,长江流域生态系统破坏严重,存在城镇生活污水及垃圾、化工、农业面源、船舶以及尾矿库等污染问题。

生态环境部监测数据显示,2019 年 1—4 月,长江经济带 943 个地表水国控断面中,低于Ⅲ类水质断面比例为 18.8%,劣Ⅴ类比例为 1.3%。长江流域 11 个省(直辖市)黑臭水体占全国认定黑臭水体的比例为 47.6%,约 30% 的重要湖库处于富营养化状态,长江生物完整性指数达到了最差的无鱼等级[7]。在长江大保护背景下,以城镇污水治理为切入点,江西九江、湖北宜昌、湖南岳阳、安徽芜湖 4 个试点城市和重庆、武汉等 12 个合作城市重点推进长江经济带城镇污水治理,改善了试点地区的生态环境质量。

在污水处理提质增效项目开展前,长江经济带各省排水系统庞大复杂,管网建设年代久远,管材质量不佳,管网破损渗漏、错接混接严重,城镇污水收集率低,管网系统和污水处理厂运行效能低,城镇水环境治理效果不佳。调研分析表明,治理模式单一,缺乏系统思维,污水管网的建设和维护受重视程度弱以至长期滞后,治理项目分散,导致水环境治理效果不佳。此外,还存在主体多元化、缺乏全局统筹、考核机制不健全等系列问题。

因此,在污水提质增效系列项目实施中,尤其注重系统化解决方案,以城镇污水处理为切入点,以摸清本底为基础,以现状问题为导向,以污染物总量控制为依据,以总体规划为龙头,坚持流域统筹、区域协调、系统治理、标本兼治的原则,采用"厂、网、河、湖岸一体"治理思路,促进城镇污水全收集、收集全处理、处理全达标以及综合利用,保障城市水环境质量持续有效改善。

1.3.2　珠三角流域污水提质增效现状

2018 年以来,广州市加大污水收集处理提质增效工作,采用"一厂一策"的系统化整治思路,按每个污水处理系统的特点确定相应的污水收集处理提质增效方案。

广州市猎德污水处理厂服务面积136.2 km^2,服务人口300万人,位于城区核心区域。该污水处理厂及其管网收集系统存在用水高峰污水溢流,管网水位高,河涌水质反复,污水处理厂进水污染物浓度低、处理效能低等问题。基于水量平衡分析,复核污水处理能力和管网设施效能,精准摸排确定污水收集系统主要问题,采取系列工程措施"挤外水",实施管网修复。工程实施后,河流断面显著改善,水环境质量得以提升,给排外水量约29.4万 m^3/d,污水处理厂进水浓度提升45%;2019年至今,BOD$_5$平均浓度达到136 mg/L,污水收集处理提质增效工作和黑臭水体整治工作同步取得显著成效[8]。

广州市增城区石滩镇墟污水处理系统提质增效项目始于2020年3月。当时,片区面临大量外水进入污水处理厂的情况,导致进水浓度低、污水溢流、河涌污染及地下水携带泥沙进入污水管道造成管道上方地面塌陷等系列问题。在该项目中,基于分析污水系统外水组成及山水、河水、湖水、地下水等外水的影响,通过系统摸查、精细分析、对症施策等开展一系列工程措施。截至2020年12月底,石滩镇墟污水处理系统阻止外水约2万 m^3/d,水厂进水化学需氧量(Chemical Oxygen Demand,COD)浓度达到180 mg/L,氨氮浓度达到21.7 mg/L,片区内河涌水质明显改善[9]。截至2020年12月31日,广州市已有20条合流渠箱完成清污分流改造,雨污分流区域达65%,"污水入厂、清水入河"等污水收集提质增效工作已初见成效[10]。

珠三角流域某片区在污水处理提质增效项目实施前,主要面临污水管网高水位、低浓度运行等问题。项目通过管网排查、排水监测、GIS管控平台等综合手段,分析诊断污水直排口419处、雨污混接点287处、河水入侵9处等,采取"清、拉、分/截、调、疏、修"等措施后,污水主干管运行水位降低4 m,污水收集率提升29.5%,进厂COD平均浓度提高了10 mg/L,污水管网提质增效效果较显著[11]。

中国电建集团华东勘测设计研究院有限公司(以下简称"华东院")在深圳市茅洲河流域某污水收集片区开展了外水入侵情况的排查与整治。该片区受地下水位偏高、河道感潮、管网建设年代久等因素影响,排水管网普遍存在外水入侵情况。依托茅洲河流域水环境综合治理工程,华东院全面排查该片区管网,基于系统化思路,对流域内污水管网的雨污混接、结构性缺陷、河湖水倒灌等进行系统治理。整治后,污水管网水位显著降低,受降雨影响更小,表明该片区污水管网提质增效效果显著[12]。

1.3.3 北方地区污水提质增效现状

1. 北京市污水提质增效现状[13]

北京市在污水处理提质增效方面的起步较早。2010年,北京市污水处理也存在管理较分散的问题,厂网设施存在缺口且难以衔接,面临着污水直排、水体黑臭和城市内涝等问题,污水处理厂和排水管网的管理和联动也有待加强。2010 年,北京市开始实施《北京市排水和再生水管理办法》,明确在中心城区实行"厂网一体"管理。此后,中心城区厂、网、泵站等全部设施的建设和运营管理纳入统一管理,通过"小流域"管理实现厂-网-河联动。中心城区的四个流域按照内部排水分区实施网格化管理,根据管线拓扑关系建立 242 个污水"小流域",形成了点-线-面结合的小流域精细化管理格局,实现"水质保障、水量均衡、水位预调"的系统化运营,并在以下五个方面开展具体的工作。

(1) 完善管网系统,重点强化管网建设和改造

组织实施排水管网新建、改造工程,打通断头管网、治理错接混接、完善收集系统,填补城中村、老旧城区、城乡接合部管网空白,消除生活污水直排。2013 年以来,新建污水管线 489 km,解决了 33 条黑臭水体以及 60 个城中村、2 000 多个河道排污口污水排放问题,截流污水全部输送至污水处理厂处理。

(2) 实现水量优化调度

一方面,从规划建设上统筹各流域负荷,避免出现水厂超负荷或负荷过低的问题。从运营管理上建立水厂、调水泵站、闸站等排水设施联动调度机制,实现流域内和流域间水量的合理调配。另一方面,利用大型地下暗涵,实现雨季合流溢流污水和初期雨水调蓄、净化,减少面源污染。

(3) 优化用户排水监控

精准实施水质源头监控、污水超标排放追溯管控,保障厂、网的稳定运行,也为有关部门强化溯源执法提供支持。

(4) 厂网与水系联动

联动主要体现在控源截污、防洪排涝和河道补水方面。实施污水处理厂升级改造,新增再生水生产能力 150 万 m^3/d,新建再生水管线近 200 km,每年向市区主要河道补给高品质再生水超 9 亿 m^3,使市中心城区主要河道的水环境质量明显改善,凉水河水质达到十年最优,实现了从水污染治理向水环境改善的历史性跨越。

(5) 提升应急保障能力

进一步完善了"厂网一体"防汛排涝、排水设施应急抢险机制和预案,建设了集实时监测、预警、会商、调度指挥等功能于一体的信息化管理系统,提升了应急保障能力和水平。

2. 山东省污水提质增效现状

山东省作为我国华东地区的沿海大省,2021 年常住人口近 1.017 亿人。据统计,2018 年山东省城市和县城污水处理厂集中处理率为 97.06%,282 座城市和县城污水处理厂的年均进水 BOD_5 浓度低于 100 mg/L 的污水处理厂共有 152 座,占比 54%,其中年均进水 BOD_5 浓度为 50~100 mg/L 的污水处理厂有 119 座,低于 50 mg/L 的污水处理厂有 33 座[14]。尽管经过多年的建设和发展,山东省污水处理设施建设基本实现全覆盖,

但污水收集处理仍面临一些突出问题,包括污水处理厂网建设和维护不到位、部分污水处理厂进水 BOD_5 浓度低、存在外水入侵情况等问题,导致污水收集处理效能较低,亟待提质增效工作的开展。

东营市中心城两河(广利河、溢洪河)及内水系环境综合治理工程是一项改善城市水环境、提升城市品质的综合性工程。该工程于 2017 年启动,历时 2 年多,共建设了 25 座污水处理厂、14 座污水处理设施,以及配套管网和污水处理设施监控中心等基础设施。在该工程中,东营市采用了多项先进的技术和管理措施,以提高污水处理效率和质量。首先,采用智能化监控和自动化控制系统,实现了污水处理过程的全程监控和自动化控制,提高了处理效率和稳定性。其次,采用深度处理技术对污水进一步处理,去除污水中的有机物、氮和磷等污染物,提高了水质。最后,采用膜生物反应器技术,利用膜分离技术对污水进行过滤和处理,进一步提高了水质和处理效率。该工程的实施有效改善了东营市中心城区的水环境,提高了污水处理能力和效率,为市民提供了更加优质的水资源。同时,该工程也为东营市的可持续发展提供了有力支撑,为城市的未来发展奠定了坚实基础。

1.4 城镇污水管网提质增效工程实施思路

自《城镇污水处理提质增效三年行动方案(2019—2021 年)》实施以来,我国各地、各企事业单位在污水提质增效工作中积累了较多技术经验。很多单位和研究人员在其工程实践的基础上,提出了污水处理提质增效的工作流程与方法。

由同济大学牵头制定的中国工程建设标准化协会标准《城镇排水管网提质增效技术指南(征求意见稿)》提出,城镇污水提质增效系统化方案技术路线包括现状分析、治理目标、规划评估、问题识别、方案编制和项目案例六个部分。

吕永鹏团队构建了城镇污水处理提质增效"十步法"研究总体框架,包括基础资料收集、水质本底调查、已有管道检测数据梳理、试点区域确定、水质水量补充监测、管道缺陷补充监测、提质增效重点问题识别、污水排水系统模型构建、排水管网整治方案和提质增效效果显性化等步骤[15]。

鄢琳等针对进厂水质浓度低、污水管道高水位运行等污水系统存在低效能问题,提出了相应的技术路线,包括资料收集并制定排查方案,划分排水网络及设置关键节点,建立水质水量模型,通过模型计算对排水管网问题进行筛选和识别,逐步缩小排查范围,精准定位问题节点,进一步地针对外水入侵、管道破损、管道淤塞、截污不善及雨污错混接等各类问题,提出相适宜的解决方案,以实现污水处理的提质增效[11]。

华东院作为水环境保护事业的重要参与者,承担了一系列污水系统提质增效、管网修复等大型工程项目和科研课题,积累了较丰富的技术经验和一定的研究基础。本书将主要介绍华东院基于科研和工程实践所探索并完善的一套以污水管网为核心、以厂站网一体化的系统理念为指引、以现状重点问题识别和解决为导向、以预诊断及效果评估为支撑的城镇污水提质增效的总体工作流程(图1-1)。

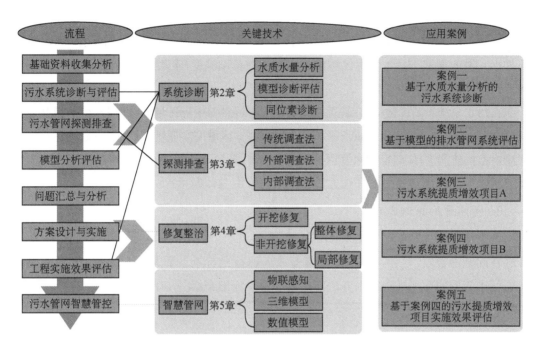

图1-1　城镇污水管网提质增效工作流程及关键技术

1. 基础资料收集分析

(1)基础资料收集

收集试点城市或区域的基本资料,包括区域面积、人口数量、供水数据、污水处理厂服务范围、污水泵站分布情况和区域排水体制等。

调研区域内污水系统的现状,包括污水处理厂、泵站、管网等系统要素运维情况和系统关键节点的流量、液位、COD、氨氮等水质水量指标监测数据,以及社会经济、土地利用、地形地貌、水文气象等资料。

典型问题收集调研,例如管网高水位运行问题、污水处理厂进水污染物浓度低等问题。

(2)前期检测数据分析

基于地表水系、污水输送系统分布现状,针对已有管网节点、地表水体的水质水量监测和雨污混接调查数据,结合污水系统运行问题,初步分析判定片区管网提质增效的需求程度。

收集并梳理污水管道已有的CCTV、超声等手段检测的数据,系统识别区域管道的结构和功能性缺陷情况,包括缺陷数量、占比、点位、等级等,并初步判断提质增效关键问题。

2. 污水系统诊断与评估

进行现状污水系统诊断评价与问题识别,划定管网重点问题区域。主要内容有:了解项目范围内管网的运行情况,包括污水处理厂和泵站地理位置、设计规模、现状日进水量、进水水质情况等;初步判断片区混接、错接程度,聚焦雨污混接严重区域;定量、半定量分析外水入网的类型、占比,估算区域内外水入侵的基础流量;聚焦外来水侵入严重区域,进而有针对性地开展排查工作。

在污水系统诊断评估中,在缺乏数据的情况下或针对重点区域,需开展水质水量补充监测分析。因此,为进一步摸排重点区域和无足够数据区域的本底情况,并考虑后续污水排水系统模型构建需求,应确定污水管网补充监测点位,开展液位、流量、水质指标监测分析。

污水系统诊断与评估的详细方法将在第 2 章中具体阐述。

3. 污水管网探测排查

基于污水系统诊断评估结果,结合雨污混接调查、管网水质水量监测等结果,识别可能存在问题的管段,针对其中检测未覆盖或未达检测标准的管段,开展管道缺陷补充检测。污水管网的探测排查技术方法将在第 3 章中详细介绍。

4. 模型分析评估

通过模型分析评估污水系统尤其是管网的现状与效能,已成为污水管网提质增效工作的重要手段之一。分析评估的主要内容是利用项目区域范围内污水处理厂、泵站、闸站、管网等基础资料,结合项目区域管网普查数据,构建区域污水排水管网模型,并利用实测数据进行模型率定和验证;利用校验后的模型,对管网流量、液位、充满度等排水管网运行状态以及管网排水能力等作评估。基于模型的诊断评估方法详见 2.3 节。

5. 问题汇总与分析

汇总并分析项目范围内污水系统运行的主要问题,结合管网水质水量监测评估结果、管道缺陷检测成果、模型分析评估结果等,系统分析识别项目区域污水管网提质增效的关键制约因素和解决思路。

6. 方案设计与实施

提出污水排水管网整治待选方案,评估污水管网提质增效目标可行性,结合成本效益分析,最终比选确定包括管网修复、混接改造、排河口改造等在内的整治工程方案。

7. 工程实施效果评估

排查整治工程实施后,对管网的主要节点开展水质水量监测与分析,采用管网系统诊断与评估方法,评估外来水入侵、管网混接等改善情况。同时,将整治完善后的管网新参数更新到污水系统模型中,对管网改善后的状况进行再度评估。可通过基于水质水量的诊断评估方法和基于模型的诊断评估方法来分析评估污水系统提质增效的工程效果,并进一步识别和研判远期待改进之处。

8. 污水管网智慧管控

随着物联网、大数据、人工智能等技术的不断发展,污水管网智慧化管控已成为保障管网高效运行的重要手段,通过物联感知、三维模型和数值模型等可实现对管网的现状实时分析与评估预警。

(1)物联感知体系:在建成区域构建一套排水管网监测系统,实现对城区雨污水管网节点、排口、污水处理厂及泵站等重要节点的在线监测,动态掌握全年度排水设施与水利设施的水质、水位、流量、视频等数据,为科学预警提供数据支撑。

(2)三维模型方案:基于三维可视化和虚拟现实技术,建立项目实施后的系统三维模型,实现设施可视化。辅助地下管网、水务设施管理、三维可视化分析,合理高效地进行管网运维、水务设施养护。

(3)数值模型方案:构建污水管网系统、雨水管网系统等模型,结合实时监测数据,分析管网现状效能,展示模拟数据结果,可有效指导管网提质增效、防洪排涝、管网规划等工作。

第2章

系统诊断——污水管网系统诊断与评估

城镇污水处理提质增效是一项系统性工程,而污水管网作为连接源头污水收集系统与末端污水处理系统的关键环节,更是此类项目实施的关键。通常情况下,工程实施前充分了解排水管网系统健康程度是后续开展设计工作的基础。本章主要介绍当前污水管网诊断评估技术,概述基于工程实践探索形成的管网系统诊断与评估技术。

2.1 概述

以管网为核心的污水系统诊断与评估技术可用于污水提质增效工程实施前期对于片区污水系统的初步诊断评估(简称"预诊断")以指导排查和设计,也可以用于污水提质增效工程实施后片区污水系统的再度诊断评估(简称"后评估")来分析工程实施成效。管网诊断的意义有以下几方面。

(1)为检测实施提供参考

在准确的排水管网普查成果基础上开展排水系统管网诊断与评估工作,有利于更详细地了解排水系统的整体运行情况及问题,明确下一步管网排查工作及管网整治工作的重点,同时有利于检验管网整治工作的效果。

(2)为修复设计提供参考

预诊断成果可为设计人员提供清晰的管网拓扑关系图,根据高水位和外水入网分析结果,可为设计人员的系统性设计和问题解决提供参考。

(3)为修复评估提供背景值

水质水量监测是预诊断的重要方法之一,通过监测数据的分析,可了解区域内管网系统存在的问题。同时,也为管网的修复设计后评估以及提质增效工程实施的效果提供水质水量本底值。

近半个世纪以来,国内外学者针对排污管网外来水问题提出了大量评估方法,大致可分为流量法、污染物化学质量平衡法、物理法和数学模型法(表2-1)。

表 2-1　外来水量诊断方法

评估方法	所属类型	评估精度	适用范围
水量平衡法	流量法	m^3/a	整个系统
夜间最小流量法	流量法	m^3/d	子汇水区
三角形法	流量法	m^3/a	整个系统
移动最小流量法	流量法	m^3/a 或 m^3/d	整个系统
污染物时间序列法	流量法和污染物化学质量平衡法	m^3/d	整个系统、子汇水区
同位素法	流量法和污染物化学质量平衡法	m^3/d	整个系统
节点水质监测	流量法和污染物化学质量平衡法	m^3/d	整个系统、子汇水区
分布式温度传感器(Distributed Temperature Sensor, DTS)技术	物理法	m^3/d	单个管段
数学模型方法	数学模型法	m^3/d	整个系统

表 2-1 列举了一些常用的外来水量诊断方法,不同方法所需条件、评估精度以及适用范围都不同。外来水量预诊断过程中,应根据每种方法的特点和评估区域内具体情况选择合适的方法。例如,三角形法适用于污水处理厂服务的整个范围;夜间最小流量法适用于较小汇水区域;DTS 技术等物理法用于判断具体管段是否存在入流入渗点,不适用于外来水量预诊断过程。

2.2　基于水质水量分析的管网系统诊断与评估技术

2.2.1　评估目标与内容

污水管网诊断的主要目的是进行现状污水系统诊断评价与问题识别,划定管网重点问题区域,进而有针对性地开展排查工作,具体包括以下目标。

1. 了解项目范围内管网的运行情况

运行情况包括污水处理厂的地理位置、设计规模、现状日进水量、进水水质情况等。

2. 初步判断片区混接、错接程度

通过比对雨天及旱天的流量,初步判定区域的雨污混接程度,聚焦雨污混接污染严重区域。

3. 定量、半定量分析外水入网的类型、占比

通过上下游节点水质水量比对、穿河管段污染物浓度调查等手段,对排水系统存在的问题进行初步分析诊断,判定外水入侵的主要类型,估算区域内外水入侵的基础流量。

4. 为检测实施提供参考

预诊断工作有利于更详细地了解排水系统的整体运行情况及问题,且有利于检验管网整治工作的效果。

5. 为修复设计提供参考

诊断成果可为设计人员提供清晰的管网拓扑关系图,其分析结果具有参考价值。

6. 为修复评估提供背景值

水质水量监测可了解区域内管网系统存在的问题。同时为管网的修复设计后评估以及提质增效工程实施的效果提供水质水量本底值。

2.2.2　工作流程

通过基础资料调查、管网核查与补测、水质水量监测、排口调查,同时结合正在开展的市政排水管道缺陷检测等手段进行,确定主城区污水系统存在的主要问题,如高水位运行、进厂污水污染物浓度低、管道外土体侵蚀严重、地面塌陷频发等,并聚焦重点问题区域,初步诊断造成问题的原因,以指导现场管网排查与整治工作,做到有的放矢。实施的工作流程如图 2-1 所示。

预诊断工作主要包括以下几项内容。

1. 资料收集

收集区域内污水处理厂及泵站运行数据、区域内用水量数据、工业企业废水污水处理与排放数据、商业区污水排放数据、居民区污水排放数据、水文地质资料等,对区域内排水管网运行情况进行初步分析。

2. 排水管网核查与补测

对管网图进行核查与补测,绘制完整、准确的市政排水管网图,查明区域内排水系统拓扑关系,进而对调查区域内排水体制、排水系统的现状问题有清晰的认识。

3. 排水系统缺陷物探排查

开展全面的市政排水管道物缺陷探测工作。

一方面,通过 CCTV 检测和 QV 检测等物探技术对排水管网系统各类缺陷进行摸排,以收集的市政排水管网资料为工作底图,综合运用人工调查、仪器探查、泵站运行配合等方法,查明调查区域内设施(检查井、雨水口、井室)破损情况、排水管道现状等信息,进而确定由于管道渗漏产生的地下水入流入渗具体位置和数量。

另一方面,组织进行雨水管网排口调查工作,须查明排口受纳水体概况,排口位置(坐标、高程)、形状、性质、规格、材质、挡墙形式、混接情况及现场照片等;查明排口附属设施,包括附属于排口或其截流设施的闸、堰、阀、泵、井及截流管道等;强排区域应查明是否有

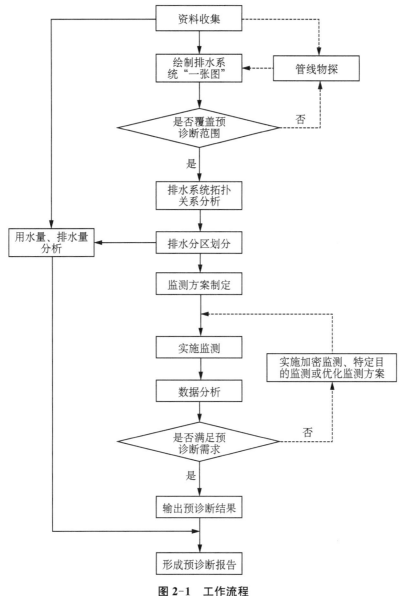

图 2-1　工作流程

河水倒流雨水排口，目视检查排口河水倒灌及排口上游的第一个节点井倒流情况，检查时泵站应配合降低系统水位。排口的调查需追溯到与市政管网连接的第一个井；同时，测量排口处河、湖水位，绘制排口至市政管网纵断面图，排查可能形成倒灌的排口。

4. 水质水量监测分析

在准确查明城区市政排水管网拓扑关系的基础上，在污水管网关键节点进行水量监测，同时在污水管网按照"干管-支管-末端"的原则布设水质取样点，同时开展区域内河、湖、地下水水质取样分析。聚焦外水进入严重区域，通过不同污水类型的水质指示特征因子(初步考虑电导率、硬度、COD、氨氮四个指标)比对、穿河管段污染物浓度调查等手段进行初步判断,判定外水入侵的主要类型。

通过用水量折算法和污染物化学质量平衡法对区域内外水入流入渗量进行分区解析和等级评估;还可在调查区域内泵站和关键断面控制点进行旱天、雨天流量连续监测,对雨水入网情况进行解析。

2.2.3 资料收集

排水管网基础资料调查的目的是掌握排水管网的基本情况,为管网健康诊断提供第一手资料。管网预诊断资料收集宜包括表 2-2 所示内容。

表 2-2 收集的基础资料

序号	资料内容
1	区域人口数据
2	区域供水量数据
3	区域地形图、测量图
4	水文地质资料
5	近 3 年降雨数据
6	近 3 年污水处理厂逐日运行进水水质水量数据
7	排水管网分布现状图、竣工资料或施工图
8	已有的排水管道检测资料
9	区域工业企业用(排)水数据,或污染源调查成果
10	近 3 年泵站逐日运行水量数据
11	其他相关资料

收集到资料后,还应进行现场踏勘以了解现场的地物、地貌、交通和管道分布情况,核对所搜集资料中的管位、管径和材质等。

2.2.4 排水系统拓扑关系分析

1. 绘制排水系统"一张图"

应根据收集的市政排水管网资料,对排水系统拓扑关系进行初步分析,并绘制排水系统"一张图"。应在排水管网预诊断过程中逐步完善"一张图",图中管道应按照"二级支管→一级支管→干管→主干管"的类别进行分类显示。

2. 确定泵站收水范围

应根据"一张图",分析泵站收水范围和出水路径。并以此为参考,明确泵站服务边界。

3．确定污水处理厂服务范围

应根据"一张图"，明确污水处理厂的服务范围。

4．确定关键节点

应根据泵站收水范围和管道路由分析，分解诊断范围内排水管网服务片区，识别出片区污水汇入的干管或主干管检查井，以此作为关键节点。可根据需求，在局部排水管网服务片区内增加关键节点。

2.2.5　用水量、排水量分析

1．小区、公共建筑及机关事业单位

用水量应以收集的供水数据、人口数据分析为主，根据供水量和常住人口数据进行估算、核算，并填写用水量统计表（附录 C 表 C-1）。

排水量宜根据生活污水产生系数 70％～90％、收集率 80％～95％进行估算。

2．工业企业

区域内工业企业用水量和排水量分析应以"地区污染源普查"资料或其他相关资料整理、统计、分析为主。

3．污水废水综合排放量统计

污水废水综合排放量统计应根据小区、公共建筑、机关事业单位和工业企业的用水量、排水量资料，统计汇总近年区域范围内逐日污水废水综合排放量。

2.2.6　污水处理厂（泵）站运行数据分析

1．水质水量分析

应对污水处理厂逐日、逐月、逐季度处理水量变化及水质变化趋势、规律、范围进行分析，水质指标应包括但不限于 COD、总磷、氨氮和电导率。

2．泵站运行水量分析

应对泵站逐日、逐月、逐季度运行水量数据变化趋势、规律和范围进行分析。

3．雨季运行情况分析

应结合降雨数据，综合分析泵站、污水处理厂运行数据与降雨事件之间的关系。

2.2.7　水质水量监测

1．一般要求

（1）监测方案应明确总体目标、监测区域、监测对象、监测内容、监测频次等要求。

（2）水质监测宜采用自动在线监测或自动取样。

（3）水质指标应包括但不限于 COD、总磷、氨氮、电导率。

（4）水量监测应采用自动在线监测。

（5）监测设备应适用于排水管网的各种运行工况，并且安装简单、维护方便、稳定性强。

2. 本底值监测

（1）典型小区排放污水水质监测

应根据区域情况，选择诊断范围内 1 个或多个小区排放的生活污水进行监测，以确定水质分析的本底值。

取样点宜选取小区污水管接入市政管网的第一个检查井，取相应小区外来水水样作为分析水样。

应在旱天取样，取样时间点应包含 3:00—5:00、7:00—9:00、19:00—21:00 三个时间段。

（2）重点工业、企业排放废水水质检测

应根据工业、企业用水量和排水量分析结果，对重点排放废水的工业、企业进行水质检测。取样点宜选取工业、企业污（废）水接入市政管网的第一个检查井，取相应工业、企业来水水样作为分析水样。

取样时间根据工业、企业具体作业情况而定。

3. 常规污水管道水质水量监测

（1）污水管道水质水量监测的布点原则应符合下列规定。

① 常规管道水质和水量监测点位宜一致，可根据现场条件和特殊限制条件进行适当调整；

② 覆盖泵站收水范围和污水处理厂服务范围；

③ 每个汇水分区中应至少布置 1 个水质水量监测点；

④ 监测点可根据现场情况适当调整；

⑤ 除关键节点外，部分区域可根据需求和现场情况进行点位增加。

（2）污水管道流量监测时长应至少持续 3 个旱天和 1 个雨天，可根据需要对部分点位进行长期监测。

（3）污水管道水质监测取样时间和频次应符合下列规定。

① 旱天取样时间应在流量监测时间范围内，取样时间点应包含 3:00—5:00、7:00—9:00、19:00—21:00 三个时间段；

② 雨天应在有效降雨 2 h 进行取样至降雨结束，或持续 24 h，间隔 2～4 h 取 1 次；

③ 可根据现场条件增加或减少监测频次。

4. 外来水监测

(1) 地表水水质监测

地表水的监测对象应包括区域范围内的江、河、湖泊等可与排水系统发生质量交换的水体。布点除应符合《水环境监测规范》(SL 219—2013)的规定外,尚应符合下列规定。

① 河道点位布置应覆盖穿越区域范围内的支流,河道和支流应按水流方向从上至下依次布点,点位不应少于 3 个;

② 在断面突变处、河床构筑物处(如堤坝)、支流汇流处等位置增加点位布置;

③ 在存在穿河管段位置处增加点位布置;

④ 湖泊等水体沿铺设有排水管道的岸边进行布点,同一水体不宜少于 3 个。

地表水采样时间应该与管道水质水量监测时间段一致。采样频次为:旱天、雨天各采 1 次;雨天采样应在降雨 2 h 后进行。

(2) 地下水水质、水位监测

水质监测:应根据区域内水文地质单元分区和区域地形,在地形最高处、最低处以及中途某一典型断面进行地下水水质监测点布置。由于地下水水质监测难度较大、成本较高,可视情况进行下列优化。

① 选择区域内常规地下水监测点位;

② 选择特殊用途(如科学研究、重点区域监测等)的地下水监测点位;

③ 选择区域内正在进行地质勘测、岩土勘查及其他相关水文地质调查的点位。

地下水采样时间应与管道水质水量监测时间段相同,或地下水采样时间应在管道水质水量监测时间范围内。

水位监测:地下水水位监测时间应与管道水质水量监测时间段相同,有条件地区可进行长期监测。

(3) 污水穿渠过河管段水质水量监测

应对穿渠过河管段两端(进水端和出水端)的瞬时水质水量进行监测,并填写附录 C 表 C-4。

穿渠过河管段可同时进行水质和水量监测,也可根据现场情况单独选择水质或水量监测。

(4) 施工降水排水水质水量分析

应根据诊断范围内正在进行施工作业的工程位置、占地面积、进度、是否有基坑降水以及是否接入污水管等相关情况,填写施工作业情况表,应符合附录 C 表 C-2 的规定。应对存在基坑降水排水且接入市政污水管的工地进行水质水量监测。由于施工降水排放的不确定性和实际操作的限制性,宜根据实际情况作下列调整。

① 水质水量监测可采用便携式仪器进行快速测量；

② 水质指标应包括 COD 和氨氮；

③ 存在基坑降水的工地，排水量可按照每天 8～10 h 排放时间进行估算；

④ 对无法监测到水质水量数据的工地，可采用类比法，考虑实施阶段、工程类别、工程规模，参考相关工程数据。

2.2.8 外来水分析

1. 一般要求

（1）非穿渠过河管段的入渗入流分析宜以片区为基本分析单元，不宜以管道为基本分析单元。

（2）非穿渠过河管段的入渗入流分析单元宜与汇水分区一致。

（3）汇水分区入渗入流情况应根据相对应关键节点的旱天监测数据进行分析。

（4）穿渠过河管段应根据相应管段两端的监测数据进行分析。

2. 外来水占比计算

应通过水质水量平衡方程对诊断范围内不同汇水分区的外来水占比进行分析，计算方法如式（2-1）～式（2-3）所示。

$$Q_{DWF} = Q_{FS} + Q_{CW} \qquad (2-1)$$

$$Q_{DWF} C_{DWF} = Q_{FS} C_{FS} + Q_{CW} C_{CW} \qquad (2-2)$$

$$R = Q_{CW} / Q_{DWF} \qquad (2-3)$$

式中，Q_{DWF} 为旱流条件下管道中污水总流量；Q_{FS} 为原生污水量；Q_{CW} 为包括地下水、地表水在内的管内外来水入流入渗量；C_{DWF}、C_{FS}、C_{CW} 分别为旱流条件下总污水、原生污水及外来水的某种水质特征因子浓度；R 为外来水占比。

3. 汇水分区范围内的外来水评价

应根据汇水分区及外来水占比 R 的计算结果，对预诊断范围内不同汇水分区的外来水入渗入流状况进行评价，根据代表颜色绘制外来水入渗入流评价分区图。评价分级的划定应符合表 2-3 的规定，评估结果的汇总应符合附录 C 表 C-3 的规定。

表 2-3　汇水分区范围内的外来水入渗入流状况分级评价

外来水占比 R	<15%	[15%，35%]	[35%，55%]	>55%
评价等级	一般	严重	较为严重	非常严重

4. 穿渠过河管段入流入渗量分析

（1）可根据穿渠过河管段进、出水流量差直接计算外来水入渗量和外来水比例。

$$Q_{出} = Q_{进} + Q_{W} \tag{2-4}$$

式中，$Q_{进}$、$Q_{出}$ 分别为穿渠过河管段进水、出水流量；Q_{W} 为进、出水流量差。

（2）可根据穿渠过河管段进、出水水质差，以及相应水体水质，计算外来水入渗量和外来水占比 R。

$$Q_{出} C_{出} = Q_{进} C_{进} + Q_{W}C_{W} \tag{2-5}$$

$$R = \frac{Q_{W}}{Q_{出}} \tag{2-6}$$

式中，$C_{进}$、$C_{出}$ 和 C_{W} 分别为进水、出水、进出水差值流量的水质特征因子浓度。

（3）外来水入渗入流判断应符合表 2-4 的规定。

表 2-4　穿渠过河管段的外来水入渗入流状况分级评价

外来水占比 R	<10%	[10%，30%]	[30%，50%]	>50%
评价等级	轻微	严重	较为严重	非常严重

（4）因流量计存在误差，R 小于 10% 也可认为基本无渗漏。穿渠过河管段水质流量检测结果统计表应符合附录 C 表 C-4 的规定。

2.2.9　雨污混接程度判断

1. 一般要求

（1）应通过雨天污水管流量的变化来判断混接程度。

（2）混接程度判定应以片区为基本分析单元，不宜以管道为基本分析单元。

（3）混接程度分析单元宜与汇水分区一致。

（4）汇水分区混接程度情况应根据相对应关键节点的旱天、雨天监测数据分析。

2. 判定方法

（1）应根据关键节点旱天、雨天的流量监测结果，计算雨水量占比 λ（%）。

$$\lambda = \frac{Q_{雨天} - Q_{旱天}}{Q_{雨天}} \times 100\% \tag{2-7}$$

式中，$Q_{雨天}$ 为雨天污水流量；$Q_{旱天}$ 为旱天污水流量。

（2）雨水入网严重程度应通过雨水占比量赋值进行分析，且应符合表 2-5 的规定。

表 2-5　混接程度评价

雨水量占比 λ	<15%	[15%，35%]	[35%，55%]	>55%
评价等级	一般	严重	较严重	非常严重

（3）应根据汇水分区及雨水量占比计算结果，对污水处理厂服务范围内不同汇水分区的混接程度进行评价，根据附录C表C-5统计评价结果，并根据代表颜色绘制混接程度评价分区图。

2.2.10　排口调查

（1）排口调查应包括下列内容。

① 排口受纳水体概况；

② 排口位置、形状、规格、材质、现场照片等；

③ 排口底部标高；

④ 排口上游第一个检查井属性；

⑤ 排口对应水体枯水期、丰水期及诊断工作期间水位。

（2）应对调查的内容进行统计分析，填写排口情况表。排口情况表应符合附录C表C-6的规定。

（3）应根据排口底部标高和排口对应受纳水体水位情况，分析倒灌风险。

（4）对旱天有排水的排口，应根据排水系统"一张图"溯源至源头，划定排口收水范围，综合评估排口收水范围内混接严重情况。

2.2.11　诊断评估成果

城镇排水管网诊断与评估工作完成后，应形成《排水系统诊断与评估分析报告》，报告内容应包括项目背景、工作范围、目标、区域概况、排水系统现状及存在问题、区域用水量分析、泵站及污水处理厂运行分析、外来水入流入渗分析、雨污混接评估等，报告大纲应符合附录C表C-10的规定。

诊断评估结果应结合管网排查实施中CCTV、QV等检测手段的检测结果进行复核，并形成诊断评估报告。

2.3　基于模型的污水管网系统诊断与评估方法

自20世纪后半叶起，随着计算机技术的发展，其应用也逐渐进入水力计算模拟领域。一些基于计算机技术的水文、水力模型先后被研发出来，其中比较著名的有英国华霖富水力研究公司（HR Wallingford）的InfoWorks ICM模型，美国环境保护署开发的Storm Water Management Model（SWMM）模型，丹麦水力研究所（Denmark Hydraulic Institution，DHI）开发的MIKE Urban及MIKE Flood耦合模型，以及美国奔特力公司（Bentley）开发的Sewer GEMS模型等。常用管网模型软件情况见表2-6。

表 2-6　常用的管网模型软件

功能	InfoWorks ICM	SWMM	MIKE Urban(MOUSE)
水力学	动力波模型,能够使用动力波法计算获得排水系统平均时和高峰时的流量,用于系统设计和优化。有最快的和最稳定的全解动力波计算引擎	动力波模型,使用动力波方法从排水系统设计和优化中获得平均时和最高时流量。其较长的时间步长模型往往不稳定	动力波模型,能够使用动力波法计算获得排水系统平均时和高峰时的流量,用于系统设计和优化。其稍慢于 InfoWorks 计算引擎
水文模拟(雨水建模)	InfoWorks 使用地下水渗透模型模拟地下含水层对渗透流的影响。另外,该软件还为流量控制设施、水泵、虹吸管的建模提供了一套先进的分析方法	使用地下水渗透模型模拟地下水对地表径流的影响。另外,它还能评价任何基础设施,如虹吸管、闸门和堰	以最接近真实的物理过程模拟入流和渗透过程。它也能够评价任何新的基础设施,如不同区域的虹吸管和管道
数据管理	所有的数据都在程序中被维护,任何用户改动都将被跟踪和展示。其假设方案管理器通过父/子继承概念来跟踪方案间的系统变化	采用工程作为假设方案管理模式,并且可通过使用多种运行命令解决多种问题。建模参数可以通过工程数据库直接修改	能够处理多种"如果 – 就"(What-if)假设方案,并能评价无限数量的供选建模方案。同时,拥有一个假设方案管理器,该管理器有助于对文件、供选方案和校核运算进行管理
集成能力	重要的数据保存在 iwm 文件中。严格的数据管理及其跟踪工具(包括数据标记)允许建模者跟踪数据的来源和有效性或者数据的变化	使用地图映射功能将 GIS 数据库文件导入软件,但不能直接操作 GIS 图层。用户需要根据 GIS 数据在软件中绘制相应的地图区域	在 MOUSE 中能够输入和编辑 GIS 文件,将输入数据转换成 MOUSE 可读的二进制文件。允许通过 ODBC 连接数据库并导入数据文件。MIKE Urban 的用户界面类似于含有 ODBC 的 ArcGIS 软件界面

利用软件模型评估污水系统的结构性、功能性问题,对发现系统问题以及指导工程设计、管网运维有重要作用。其中,InfoWorks ICM 模型(图 2-2)提供城市排水系统的模拟

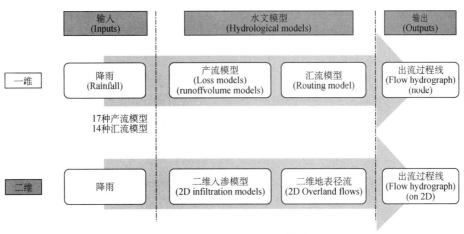

图 2-2　Info Works ICM 模型

计算、城市水循环的水文过程模拟等。其应用领域包括模拟城市雨水排水系统、污水排水系统的实时模拟、优化方案设计、城市内涝积水和污染事故预警、排水水质和沉积物的演变等。InfoWorks ICM 可与多种数据库兼容，并能自动推演缺少的系数数值，从而为模型数据导入提供便捷。它能较好地模拟水泵以及其他管网辅助设施等较为复杂的模型元素，并能模拟多达 100 000 个节点的模型。InfoWorks ICM 具备友好的一维、二维视图和视频输出。本书将以 InfoWorks ICM 模型为例，对污水管网系统进行诊断评估。

2.3.1 工作内容

管网诊断与评估主要包括以下两项内容。

（1）模型构建

利用项目区域范围内污水处理厂、泵站、闸站、管网等基础资料，结合项目区域管网普查数据，构建区域污水排水管网模型，并利用实测数据进行模型率定和验证。

（2）排水系统评估

利用校验后的模型，对管网流量、液位、充满度等排水管网运行状态以及管网排水能力等进行评估。

2.3.2 工作流程

基于模型的污水管网系统诊断与评估工作流程如图 2-3 所示。

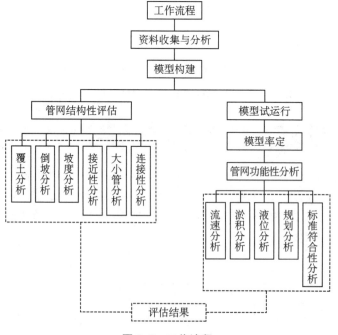

图 2-3 工作流程

2.3.3　资料收集与分析

1. 资料收集

1）基础资料

模型诊断评估工作中,完整的基础资料是保障模型准确良好运行的首要条件。通常,基于模型的诊断评估所需要的资料清单如表 2-7 所示。

表 2-7　清单

资料类型	数据类型	详细内容
流域基础资料	背景图	整体背景
	地下水水位数据	如地下水等水位图
气象基础数据	设计降雨数据	暴雨强度公式
	典型年降雨数据	当地雨型设计暴雨
		典型年 5 min 时间步长以内降雨数据,或连续几个月的历史降雨数据
管网数据	现状污水管网数据	污水管网数据(存在污水混接入雨水管网,故需要)
	水工构筑物数据	如污水泵站排量、位置、运行规则、前池尺寸等
	外江监测水位	监测点点位、水位变化曲线
	排口/污水处理厂位置	现状排口/污水处理厂落位图,标明排放口性质、管径的资料
水文	城市地表污染物累积量及初雨径流污染物浓度	不同类型的下垫面,地表污染物累积的最大质量(若有累积量随时间变化的曲线最佳)
		降雨初期的地表径流中,各类污染物的浓度随降雨过程的实测值(需配合同期实测步长小于 1 h 的降雨数据)
	现状土地用途	汇水范围内下垫面土地用途以及汇水区的划分
点源污染	生活污水数据	项目范围内人均生活污水量及人口密度及用水模式曲线
	生活给水数据	用以模拟生活污水,按照一定折减系数确定
	污水处理厂出水流量、浓度	项目范围内所有污水处理厂出水流量及出水污染物浓度(必要时引入项目范围区以外的污水处理厂相关数据)
	企业污水数据	项目范围区内所有排污企业的污水流量和污染物浓度,以及排水模式
现状模型率定	率定降雨、流量、泵站运行等数据记录	与监测流量、泵站开启记录等实测数据对应时间段的 5 min 时间步长的实测历史降雨数据
		管道监测流量、水位、水质等记录
		泵站运行记录
	污水冒溢点数据	选定率定降雨时有无积水数据

(续表)

资料类型	数据类型	详细内容
近期施工方案数据	近期在建管网数据	项目范围区内规划管网数据(污水)
	近期方案施工图	所有涉及混接改造、截污、污水处理厂扩容等措施

2) 污水系统资料

基于现状污水系统,考虑模型运行效率,概化污水管网作为模型管网数据,须了解污水系统的格局及污水处理厂、泵站、闸坝堰门等各类设施情况。

(1) 污水管网:收集最新市政污水管网与小区污水管网数据,包括管道长度、管道数量、管材、管径以及占管网总长比例。

(2) 截污管网:收集区域截污管道长管径数据。

(3) 污水系统设施具体信息收集:

① 污水处理厂的数量、现状规模、规划规模等信息;

② 污水泵站的数量、现状规模、水泵台数、运行状态等信息;

③ 截污堰门的主要参数信息;

④ 截污泵站的数量、现状规模、水泵台数、运行状态等信息。

2. 资料分析

1) 排水管网

将收集到的 CAD 格式排水管线数据处理为 GIS 格式:利用 AutoCAD 等管线节点导出工具将管线、节点导出为带有坐标信息、管径、材质、起终高程的表格信息,再利用 ArcGISMap 将管线整理为 GIS 格式数据。

泵站、厂站连接:调研收资,明确污水处理厂、泵站位置及相应规模,将管网与泵站进行连接。

2) 汇水区域

根据污水管网分布划定污水管网服务区域,小区人口数据匹配到小区面上,并匹配污水管网服务区域,明确各服务区域的人口数。

3) 用水数据

分析小区、泵站、污水处理厂日进水量,确定排水时变化系数以及估算人均日排水量。

2.3.4 模型构建

建立污水系统模型是一项重要工作,建模流程如图 2-4 所示。具体的数据导入及参数设置等如下。

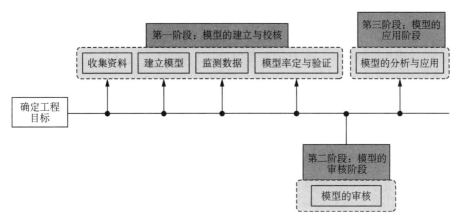

图 2-4　模型构建流程

（1）创建主数据库。

（2）数据导入。

导入的数据包括背景、污水管网节点数据、地形高程数据、污水管网节点数据、导入污水管网连接数据；再进行缺失数据推断、异常数据处理；同时，添加节点泵站和链接。

（3）集水区划分与设置。

包括创建集水区、创建污水事件、导入污水事件。

（4）模拟运行。

模型网络和各种事件边界设置完成后，开始模拟计算，进而对运算结果作出分析。

① 运行参数设置。

在模拟运行窗口设置相关参数。将网络数据、生成的设计降雨数据、污水事件数据、入流数据以及水位数据拖入对话框的相应位置。确保在方案栏中勾选城市排水模型方案。

② 运行工况设置。

污水模型系统中，对不同工况进行模拟，主要包括：污水入流情况下污水系统的运行状况评估；预案情况污水量增大的情况下，污水系统运行状况以及实测降雨下，污水系统的运行状况。

③ 模拟结果查看。

④ 模拟结果输出。

结果可以以多种格式输出。例如，最大值结果或时间变化结果可以输出为 MIF 文件、TAB 文件、SHP 文件或 ESRI（ArcGIS）的 GeoDatabase 格式。这样，输出结果可以在外部的 GIS 软件中进行后期处理。

2.3.5　评估与分析

城市污水管网系统历经多年建设，加之重建设、轻管理，现状管网存在较多问题，结构上存在大管接小管、管道覆土不足、管道倒坡、系统网络坡度不足、孤立管段等连接问题；功能上存在管道排水能力不足，包括高液位运行、冒溢风险大、管网淤积、管道流速不足等问题。常见的排水管网结构问题分析主要包括以下内容。

1. 管网结构性评估

（1）覆土分析

由于施工不当以及为保证重力流排水，部分管段管道覆土厚度不足，影响管网使用寿命，故须作覆土分析。

（2）倒坡分析

排水管道若出现倒坡，管道内必会淤积泥沙、垃圾等杂物，长时间将影响排水管道的过水断面，甚至影响排水管道的正常使用。如今，排水管道的纵坡坡度一般为 0.000 8～0.02，当排水管道纵坡设计较小时，对排水管道的纵坡控制精度要求很高。出现倒坡情况主要有以下几方面原因。

① 设计单位的设计人员经验不足，未考虑施工现场的特点，设计纵坡过小。

② 施工过程中，管理人员疏忽大意，对标高未严格控制。

③ 很多施工单位将排水管道安装承包给施工班组，施工班组只追求工程量，而忽视了工程质量。

（3）坡度分析

排水管道若出现上游管道终点管底高程低于下游管道起点管底高程，会造成上游管道壅水，淤积泥沙、垃圾等杂物，日积月累势必会影响排水管道的过水断面，严重时将影响排水管道的正常使用。故须作坡度分析。

（4）接近性分析

基于已经梳理好拓扑结构的管网模型，进行污水系统接近性分析。

（5）大小管分析

为满足污水系统排水能力，管道设计中从上游往下游的过流能力需要逐步加强，可采用增加管道管径或坡度等方式。但由于前期设计对现状了解不足或缺少信息化管理手段，管道设计或运维中出现上游大管径、下游小管径的情况，影响整体排水能力。因此须进行大小管分析。

（6）连接性分析

基于已经梳理好拓扑结构的管网模型，进行污水系统连接性分析。

2. 管网功能性分析

（1）流速分析

监测特定时间段管道污水流速与流量，验证过流量是否符合设计标准。

（2）淤积分析

判定管道底部污泥淤积情况是否影响正常过流，评估淤积风险。

（3）液位分析（充满度分析）

模拟污水管道满管运行工况后，查询满管运行的管道长度及比例。

（4）规划分析

根据模型分析，对管网系统大小管、坡度、覆土不足、管道倒坡逆坡、管道高液位运行、管道流速不足等问题进行统计。

（5）标准符合性分析

从污水管道设计角度评估污水管道现状符合标准的情况，包括管道过流能力、充满度、坡度、流速等是否符合设计标准。

污水管道问题的根本原因是管道结构问题，包括大小管、坡度、倒坡等，会影响管网的排水能力以及运行状态。在实际工作中，对于此类问题要进行详细分析，制订合理的工程措施；并通过模型分析管网的充满度、流速、淤积风险以及设计复核、规划满足能力等，辅助系统性地发现城市发展中的排水管网问题。

2.3.6　总结

基于模型对管网系统进行诊断评估分析后，可得到以下几方面的分析内容，用于指导后续工程实践。

（1）通过 InfoWorks ICM 模型研究区域污水系统，分析污水管网结构性问题。

（2）基于率定验证后的模型，分析污水系统能力、评估系统功能性问题。

（3）基于模型快速对管网系统大小管、倒坡、连接性等进行系统性分析。

（4）基于模型实现对污水系统现状设计标准符合性的分析。

（5）基于模型对污水系统规划满足情况的分析。

根据模型分析成果，明确各管道的问题数量以及存在的问题，指导工程设计以及运维管理工作。

2.4　基于同位素技术的管网外水入侵诊断与评估

氢、氧是自然水体的重要组成元素，在降水、地表水、地下水、土壤水和植物水相互转化、循环过程中，发生平衡分馏和动力分馏，导致不同水体具有不同的稳定同位素含量。稳定同位素被广泛用来确定各径流成分的来源、停留时间和水文系统特征，还被用来阐明河水运行机制，描绘集水区的流动路径和流动系统。基于两种或多种类型水混合模型的水文过程，运用已知多种同位素的地球化学特征，是确定径流成因和组成的一种优良方法，并为水文过程研究提供了合适的工具和可靠的结果。

研究发现，放射性同位素氡在地下水中的含量和分布与地下水流向、岩石性质和年龄等因素有关。一般来说，随着深度的增加，地下水中的氡浓度会逐渐升高。在地下水流动方向的垂直方向上,岩石中的氡浓度通常较低;而地下水流动方向的侧面和低洼处,浓度则会升高。

降水、地下水和管网污水的氢、氧同位素及氡的放射性同位素特征存在显著差异。同时,由于两类同位素具有一定的保守性,可以有效减小利用其他特征因子(氨氮和COD等)确定外水贡献比过程中,因沿程降解、吸附、沉淀等非混合效应导致的外水混入比例计算误差,基于质量守恒建立的端元混合模型可以有效区分不同外水的混入比例,有效提高识别外水混入的分辨率和精确性。

基于地下水中放射性同位素氡的比活度较高,而生活污水中氡的比活度极低的原理,分析排水管网中氡的比活度,结合端元混合模型可以定量解析地下水的外水混入贡献比。受稳定同位素分馏影响,雨水和排水管网污水之间氢、氧稳定同位素组成存在显著差异,通过开展次降水过程中雨水和管网污水的同步监测,分析其稳定同位素组成,结合端元混合模型可以定量解析雨污混接条件下雨水的外水混入贡献比。

2.4.1 工作流程

基于同位素技术的管网外水入侵诊断与评估如图 2-5 所示。

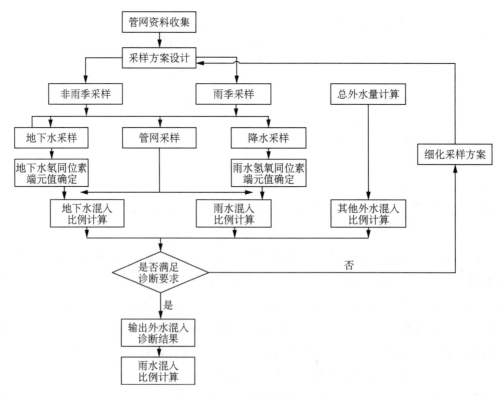

图 2-5 工作流程

2.4.2　资料收集和水质采样与检测

收集地下管网分布、拓扑结构及管材材质等基础资料。

监测方案应明确总体目标、监测区域、监测对象、监测内容、监测频次等要求。放射性同位素氡宜采用手动取样、现场和实验室检测结合的方式进行。监测设备应适用于排水管网的各种运行工况,并且安装简单、维护方便、稳定性强。

1. 布点原则

地下水布点原则:根据污水管网空间分布特征,分别选取干管及典型一级支管和二级支管周边 0.5 km 缓冲区范围内布设地下水采样点,每个片区不少于 3 个。

自来水布点原则:选取典型小区布设自来水采样点,不少于 3 个。

污水管网布点原则:根据城市污水管网的拓扑结构,采用自下(干管)而上(支管)的分级点位布设方案。首先,于管网的污水处理厂入口布设采样点;其次,在关键节点布设采样点;最后,根据测量结果,在外水混入热点区域加密布设采样点。

降水布点原则:若调查区域面积低于 1 km², 则选取诊断范围几何中心布设降水采样点;若调查区域面积大于 1 km², 则需要分区开展,在各个分区几何中心布设采样点。

污水管道空白样布点原则:应根据区域情况,选择诊断范围内 1 个或多个小区排放的生活污水进行监测;取样点宜选取小区化粪池前后,取相应小区外来水水样作为分析水样;作为水质分析的本底值取样不少于 3 个,取样时间点应包含 7:00—9:00、11:00—13:00、18:00—21:00 三个时间段。

2. 水质采样

(1) 采样方法

地下水采样方法参照《地下水环境监测技术规范》(HJ 164—2020)和《地表水和污水监测技术规范》(HJ/T 91—2002)进行。

(2) 采样时间及采样频次

地下水:于丰、枯水期各开展 1 次采样,采样时间与污水管网采样同期。

管网污水:枯水期开展管网污水面上调查采样;丰水期开展关键节点场次降水-污水同步连续观测,根据降水强度及历时,确定采样频次。

降水:采样时间和频次参照场次降水-污水同步观测。

自来水:于丰、枯水期各开展 1 次采样,采样时间与污水管网采样同期。

污水管道空白样:于丰、枯水期各开展 1 次采样,分为早、中、晚 3 次采样。

3. 水质检测

(1) 放射性同位素氡分析检测

液体闪烁计数分析:在实验室,取样瓶中装 10 mL 的水样和 5 mL 的矿物油基液体闪烁溶液,摇动以使液体混合。至少要等待 3 h,使氡的短命子体(214Po 和 218Po)达到平衡。10 mL 样品的检出限为 0.04 Bq/L。

采用 RAD-7α 能谱氡气检测仪分析:测量水样中 222Rn 的比活度(Bq/m³),并根据采样时间及测样时间进行衰变修正,从而得到采样时间地下水 222Rn 的比活度。对于从水样中提取的 10 mL 气体样品,检测限为 0.185 Bq/L。

(2)稳定同位素氢、氧分析检测

可采用高温裂解法、平衡法和光谱法等方法开展分析。目前,主要采用光谱法,即光腔震荡衰减法进行分析测定。通过将水样注入微蒸发室,蒸发室会产生恒定同位素组成的水汽流,随后干空气将水汽输送到分析仪腔室中,通过激光光谱特征完成稳定同位素氢、氧组成的分析测定。

样品中的氧或氢同位素组成可用千分位 δ(‰)表示为

$$\delta = \frac{R_{samp} - R_{Vsmow}}{R_{Vsmow}} \times 1\,000‰ \tag{2-8}$$

式中,R_{Samp} 和 R_{Vsmow} 分别表示样品和维也纳平均海洋水样的水同位素比率。

2.4.3　流量监测

污水管网流量监测采用声学多普勒流量监测法进行,主要监测流程如下。

(1)管网过水断面面积和几何形状测定,根据管网几何尺寸一般设定 1~3 个点位开展监测。

(2)采用声学多普勒流速仪测定断面平均流速。

(3)根据流量公式确定断面流量。

其他未尽事宜详见《声学多普勒流量测验规范》(SL 337—2006)。

2.4.4　外水分析

1. 地下水入渗入流量计算

(1)渗漏点地下水渗入量

综合小区出口污水、地下水和管网污水氡比活度特征计算地下水混入比例。一般而言,小区出口不存在放射性,氡比活度可视为零,据此在各个渗漏点位(氡异常点位)开展二端元混合模型以确定地下水混入比例。

$$f_{地下水,i} = \frac{[Rn]_{管网污水,i}}{[Rn]_{地下水}} \tag{2-9}$$

式中,$f_{地下水,i}$ 是渗漏点位 i 处地下水的混入比例;$[Rn]_{管网污水,i}$ 是渗漏点位 i 处管网污水氡的比活度(Bq/L);$[Rn]_{\text{地下水}}$是周边地下水氡的比活度(Bq/L)。

渗漏点位 i 处的地下水混入量计算公式为

$$q_{\text{地下水},i} = Q_i f_{\text{地下水},i} \tag{2-10}$$

式中,$q_{\text{地下水},i}$是渗漏点位 i 处的地下水混入量。

地下水总入流量为

$$Q_{\text{地下水}} = \sum_{i=1}^{n} q_{\text{地下水},i} \tag{2-11}$$

（2）诊断区域地下水混入贡献比

汇总各渗漏点地下水混入量,确定诊断区域地下水混入的总贡献比为

$$f_{\text{地下水}} = \frac{Q_{\text{地下水}}}{Q} \tag{2-12}$$

式中,$f_{\text{地下水}}$是诊断区域地下水混入的总贡献比;Q是诊断区域干管污水总流量。

2. 降水入流量计算

综合降水氢、氧稳定同位素以及管网本底和降水期间管网污水氢、氧稳定同位素组成特征计算降水混入比例,采用二端元混合模型。

$$f_{\text{降水}} = \frac{\delta^{18}O_{\text{管网污水}} - \delta^{18}O_{\text{管网本底}}}{\delta^{18}O_{\text{降水}} - \delta^{18}O_{\text{管网本底}}} \tag{2-13}$$

$$f_{\text{降水}} = \frac{\delta D_{\text{管网污水}} - \delta D_{\text{管网本底}}}{\delta D_{\text{降水}} - \delta D_{\text{管网本底}}} \tag{2-14}$$

式中,$f_{\text{降水}}$是降水混入比例;$\delta^{18}O_{\text{管网污水}}$和$\delta D_{\text{管网污水}}$是降水期间管网污水氢、氧同位素组成(‰);$\delta^{18}O_{\text{管网本底}}$和$\delta D_{\text{管网本底}}$是降水前管网本底氢、氧同位素组成(‰);$\delta^{18}O_{\text{降水}}$和$\delta D_{\text{降水}}$是降水氧同位素组成(‰)。

降水入流量计算公式为

$$q_{\text{降水}} = Q f_{\text{降水}} \tag{2-15}$$

式中,$q_{\text{降水}}$是降水混入量;Q是降水期间总流量。

3. 降水期间地下水及降水入流量计算

综合降水期间降水、管网本底和管网污水氢、氧稳定同位素和放射性氡同位素观测数据,开展三端元混合模型计算,可以确定降水期间地下水及降水入流量,求解以下线性方程组获得入流量贡献比:

$$\begin{cases} \delta D_{地下水} f_{地下水} + \delta D_{降水} f_{降水} + \delta D_{管网本底} f_{管网本底} = \delta D_{总} \\ [Rn]_{地下水} f_{地下水} + [Rn]_{降水} f_{降水} + [Rn]_{管网本底} f_{管网本底} = [Rn]_{总} \\ f_{地下水} + f_{降水} + f_{管网本底} = 1 \end{cases} \quad (2\text{-}16)$$

式中，f 为各个混合端元的贡献比。

降水期间地下水和降水入流量计算公式为

$$q_{降水} = Q f_{降水} \quad (2\text{-}17)$$

$$q_{地下水} = Q f_{降水} \quad (2\text{-}18)$$

4. 其他外来水混入量推算

应通过水质水量平衡方程对诊断范围内的外来水占比进行分析，总外来水量计算方法为

$$q_{DWF} = q_{FS} + q_{CW} \quad (2\text{-}19)$$

$$q_{DWF} C_{DWF} = q_{FS} C_{FS} + q_{CW} C_{CW} \quad (2\text{-}20)$$

$$R = q_{CW}/q_{DWF} \quad (2\text{-}21)$$

式中，q_{DWF} 为旱流条件下管道中污水总流量；q_{FS} 为原生污水量；q_{CW} 为总外来水入流入渗量；q_{DWF}、q_{FS}、q_{CW} 分别为旱流条件下总污水、原生污水及外来水的某种水质特征因子浓度。

其他外来水包括河水、施工降水、空调冷却水、工业冷凝水等。

$$q_{其他} = q_{CW} - q_{降水} - q_{地下水} \quad (2\text{-}22)$$

2.4.5 评估

1. 地下水入渗入流评估

根据地下水入渗贡献比开展评估，等级划分如表 2-8 所示。

表 2-8　地下水入渗等级评估

地下水入渗评估等级	入渗贡献比	评价等级
Ⅰ	<10%	无渗漏
Ⅱ	10%~20%	轻微渗漏
Ⅲ	20%~50%	中等渗漏
Ⅳ	50%~70%	严重渗漏
Ⅴ	>70%	极严重渗漏

2. 雨水入流(混接)评估

根据雨水入渗贡献比开展雨污混接评估,等级划分如表 2-9 所示。

表 2-9 雨污混接等级评估

雨污混接评估等级	入渗贡献比	评价等级
I	<10%	无混接
II	10%～20%	轻微混接
III	20%～50%	中等混接
IV	50%～70%	严重混接
V	>70%	极严重混接

3. 外来水入渗入流总量评价

根据总外来水入渗入流贡献比开展评估,等级划分见本章表 2-3。

2.4.6 诊断评估成果

排水管网同位素诊断与评估工作完成后,形成《诊断与评估分析报告》,报告内容应包括项目背景、工作范围、目标、区域概况、排水系统现状及存在问题、外来水入流入渗分析以及雨污混接评估等。诊断评估结果应结合管网排查实施中 CCTV、QV 等检测手段的检测结果进行复核,并形成诊断评估报告。

第3章

探测排查——排水管道检测技术

第2章详述了排水管网诊断与评估技术,预诊断技术在项目实施初期可完成管网的前评估或者项目验收后的后评估。在宏观上,其对了解管网健康程度具有关键作用。然而,预诊断技术并不能完全获取详细的排水管网健康程度,管网系统的精细化诊断和重点区域的进一步诊断需要掌握排水管道的详细情况。同时,后续管道修复与设计工作仍需掌握详细的管道健康程度。本章将详述当前国内外排水管网检测技术,以期为管道检测提供技术参考。

排水管道的传统检测方法包括反光镜检查法、潜水员检查法、量泥斗检测法等[16]。传统检测方法受检测人员经验影响大,具有一定的盲目性、危险性,且不能全面精准地反映管道内部真实质量状况。现代排水管道检测技术弥补了传统检测方法的不足,常用的有外部检测法和内部检测法[17]等。这三种检测方法各有其适用范围,必要时可结合使用[18],对管道内部质量进行全面检测。

3.1 传统检测方法

(1)反光镜检查法

排水管道反光镜检查法可利用反光镜将可见光反射到排水管道内以观察管道内部的情况。需要注意的是,勘测人员要避免管道内部的光线过强或不足,以免影响观察效果。勘测人员在使用反光镜检查法时,要确保管道内部无水和其他液体,并保证人员安全。

(2)潜水员检查法

潜水员检查法适用于管径较大、管内无水、通风良好的管道,通常需潜水员进入管道内进行检查。在进行潜水作业前,潜水员需要进行充分的准备和训练,确保自身的安全。同时,在管道内作业时,要确保管道内部通风良好,避免潜水员因缺氧而发生意外。

(3)量泥斗检测法

排水管道量泥斗检测法是一种常用的管道检测方法,是利用量泥斗将管道内的淤积物排出,并通过目视、量测等方式,对管道内部的淤积情况进行检测的方法。量泥斗检测法的优点是直观、准确,可以测量管道内部的淤积量,适用于管径较大、管内无水、通风良好的管道;缺点是需要在管道内人工操作,检测条件较为苛刻,管径安全性差。同时,量泥斗检测法只能检测管道内部的淤积情况,无法测量管道结构损坏情况。因此,在实际应用中,需要根据具体情况选择合适的检测方法。

3.2　外部检测法

外部检测法是指通过肉眼观察、红外温度记录仪、探地雷达法、撞击回声法和表面波光谱分析法等方式对排水管线周围的地形、地貌环境变化进行检测,调查污水、下水、雨水、电力等阀井是否流淌清水等来侦测、分析管道泄漏的一种方法[19]。需要注意的是,在进行外部调查时,要选择合适的时间和地点,避开人流量较大的区域,并注意个人安全。同时,要注意观察是否有可疑的迹象,如地面潮湿、长青苔等,这些迹象表示可能存在泄漏。

(1) 红外温度记录仪法

红外温度记录仪的原理是红外线传感器对物体温度的灵敏感应。红外线传感器分为两类:一类是温度检测,一类是光电检测。温度检测基于热电堆改变极化电压,光电检测基于光电效应。

红外温度记录仪法是一种常用的管道检查方法,它利用红外线技术测量管道内部的温度变化,从而判断管道内部是否存在泄漏问题。需要注意的是,在使用该方法时,要保证红外线温度记录仪的稳定性和精度,并避免管道内部的光线过强或不足,以免影响测量结果。同时,要注意观察记录仪的显示屏是否正常工作;如出现异常,应及时进行维修或更换。

(2) 探地雷达法

探地雷达法是一种常用的管道检查方法,它利用无线电波对地下管道进行探测,从而检测管道内部是否存在泄漏问题。其原理是通过发射雷达波,接收地下管道的反射信号,从而确定管道的位置、走向、管径等信息。其优点是可以快速、准确地检测管道内部的泄漏问题,适用于管径较大、管内无水、通风良好的管道;缺点是对管道内部结构的损坏比较敏感,需要进行比较详细的管道勘察和数据分析,才能准确判断管道的问题[20]。

探地雷达通常由主机、发射机、发射天线、接收机、接收天线、定位装置、电源和手推车等组成。其中,主机是一个采集系统,用于向发射机和接收机发送控制命令(包括起止时间、发射频率、重复次数等参数);发射机根据主机命令向地下发射雷达波;接收机根据控制命令开始数据采集;接收天线用于接收地下反射的雷达波。

(3) 撞击回声法

撞击回声法是一种不损伤排水管道结构的管道外部检测方法,它利用重物或重锤敲击管道产生应力波,通过管道传播并由地下传音器接收,从而推断出管道的状况。该方法适用于混凝土管和专管的大口径排空检测,但对于小口径管道的检测可能不准确[21]。

撞击回声法的优势在于它不需要在排水管道上进行开孔或破坏,可以在不中断管道运行的情况下进行检测,因此检测效率较高。撞击回声法还可以检测管道的裂缝和破裂,因为其可以测量应力波的传播时间和幅值,从而推断出管道的状况。撞击回声法的劣势在于它只适用于已经建好的管道,对于新建管道的检测效果不太好。此外,撞击回声法对于检测管道的长度也有一定的限制,因为应力波的传播速度随着管道长度的增加而减小。

（4）表面波光谱分析法

表面波光谱分析法是一种无损检测方法,可以用于检测管道和大口径的管道内窥检测技术。它利用表面波的传播特性来检测混凝土结构的内部性能。大量工程实践证明,表面波光谱分析法不适合检测小口径排水管道,而且对管道材料也有选择性。

3.3 内部检测法

内部检测法与传统检测方法、外部检测法相比,能够对排水管道内部健康状况有最直接的展示,而且检测过程不会对排水管道内壁造成损坏。因此,在已经实施的众多工程项目中,均采取内部检测法反馈管道缺陷位置及规模等信息[22]。国内最常使用的 QV 检测、CCTV 检测和声呐检测（Sonar Inspection）技术都属于内部检测法[23]（表 3-1）。

表 3-1　三种常用内部检测技术比较

检测技术	优点	缺点
QV 检测	便携式设备,操作简便,具有图像记录	无法检测水面以下管道状况,探测距离较短
CCTV 检测	准确、直观,操作方便,具有图像记录	辅助工作量大,不能直接检测有水的管道。必要时,需清理管道内障碍物
声呐检测	可对水面以下管道质量进行检测	只能对水面以下管道状况进行检测,无法检测水面以上管道质量状况

3.3.1 QV 检测

1. 基本原理

作为 CCTV 检测的辅助检测方法,QV 检测是将视频检测装置固定在伸缩杆一端,探入管道内部进行检测。伸缩杆可以伸缩,视频检测装置可以设置不同的放大倍数,使管道内部情况一目了然。视频检测装置配备强力光源和全方位变焦摄像头,可以拍照或录像,传回数据信号并存储在移动硬盘上[24]。

QV 检测与 CCTV 检测相比,没有机械传动部分,故障和维修较少,也更为简便,可对检查井附近的管道进行检测。

2. 适用场景

QV 检测是 CCTV 检测的前置检测手段。一般工程为了成本考虑,首先会进行 QV 检测。在 CCTV 检测开展之前,QV 可对管网水位、淤积等情况进行基本把握,便于施工人员对管道进行封堵、抽水、清淤作业,对于合理安排人员数量、设备数量以及合理安排工期具有非常重要的作用。

3. 技术特点

QV 检测具备步骤简单、安全、高效、经济实惠等特点。采用 QV 检测时,检测纵深最大可达 100 m,检查管道长度一般为 50 m,适用管径 100~2 000 mm,且需要对待测管道进行降水处理,使管内水位低于管径的 1/2。在现场维护及降水结束后,将带有摄像头的探杆伸入窨井,拍摄时调整聚(散)光灯的亮度,可照亮管道并获得清晰的视频画面。拉伸摄像头变焦,主要对雨水连管、污水支管进行检测。当主管不足 30 m,且水位较低时,也可采用 QV 检测[25]。检测过程全程录像并存档以便后期处理。如果管道较长,或管道内部拐弯或标高不准,则须反向对同一管段再次检测。

4. 技术不足[22]

QV 检测无法探测水面下的结构情况,不能进行连续性探测,且一次性探测距离短。因此,在进行管道检测时,需要根据实际情况选择适当的检测方法。对细微的结构性问题,例如管道内部有疑点、看不清的状况,管道潜望镜不能提供很好的检测结果。故其不能作为缺陷判定和修复的依据。

3.3.2 CCTV 检测

1. 基本原理

CCTV 检测远程采集管道内部影像,通过有线或无线信号将数据传回,可以实现对排水管道内部的健康状况连续显示和记录。

CCTV 检测系统一般包括管道机器人爬行系统、电源、摄像头、线缆卷盘、主控制器等组件。主控制器通过连接线连接爬行系统和线缆卷盘,爬行系统上安装摄像头,摄像头能左右旋转,检测人员控制爬行系统在管道中运行,通过摄像头拍摄管道内视频,再传到主控制器上,进行缺陷判断。CCTV 检测能够全面检查排水管道结构性和功能性状况。因此,可以作为缺陷准确判定和修复的依据。

2. 适用场景

(1) 存量排水管运营管理情况检测

满足存量排水管的运营、维护、管理需要,如掌握管道的功能及结构状况,了解存量排水管的运营状况,及时对排水管做好清疏、治理,并更换老化排水管等,使管道能够正常运行。

(2)新建管网结构安全性检测

了解新建管网的结构安全状况,及时发现排水管道的破裂、错口、脱节等结构性缺陷,确保在管道新建时及时发现问题,配合施工方进行缺陷治理。

3. 技术特点

CCTV 检测技术能够高效地采集排水管道内部的实景影像,检测距离较长,具有实用性强、操作简单、设备体积小等优点。目前,已发展成为排水系统检测设备检测的最主要方式,在各国管道检测中得到广泛应用[16]。

4. 检测流程

CCTV 检测的基本流程为降水、排水→稀释淤泥→吸污→截污→高压清洗车疏通→通风→检测。

(1)降水、排水

检测设备不可直接进入高水位管道,须先对管道内污水进行降水、排水操作,使爬行系统能够稳定前行。一般采用分段法进行降水、排水操作,多以邻近两个监测井为一段。

(2)稀释淤泥

对于降水后管道内仍然无法有效进行爬行装置操作的场景,需要使用高压水清理管道。另外,清理管道内壁有助于暴露缺陷部位,便于采集视频[26]。

(3)吸污

清洗污泥需要用吸污车抽吸干净。当发现仍有少量淤泥时,需使用高压水枪继续冲洗,并再次进行淤泥稀释与抽吸。

(4)截污

在第一个工作段处用自上而下的方式设置堵口封堵,把井室进水管道口、下游检查井出水口和其他管线通口堵死,只留被检查段的进水口与出水口。

(5)高压清洗车疏通

清淤疏通是管道结构性缺陷检查前必须开展的工作。管道疏通可使用高压清洗车,将清洗车伸入上游检查井底部,开启喷水操作,下游则进行吸污。

(6)通风

为保证管道内窥录像的清晰度,确保井下作业的安全性,通风作业也十分重要。可将疏通段上下游井盖打开,使用轴流风机对疏通段进行通风操作。

(7)检测

彻底清理管道后,可使用 CCTV 检测管道机器人对管道内的破损、渗漏等问题进行全面检测,并做好记录[27]。

5. 技术不足[22]

目前,CCTV检测能够快速获得或实时显示地下排水管道的检测视频。但是,从管道检测视频数据到最终管道检测报告的生成,需要大量人工交互工作,包括人工判断类型、人工估计等级,主要涉及导入视频数据、播放视频预览、添加检测信息、截取管道缺陷图像、添加管道缺陷判读描述等烦琐操作,因此存在自动化程度不高、人工效率低下等问题。特别是在管道缺陷判定环节,需要消耗大量人力、物力,影响工作进度。因此,基于CCTV检测的研发重点在于实现管道缺陷的智能化、自动化识别,由"视频自动采集、经人眼识别的缺陷判断与图像截取、生成检测报告"的人工交互模式向"视频自动采集到检测报告生成"的全自动化模式的转变。

当前,虽然CCTV检测的缺陷智能检测逐步从单方法检测转向多方法叠加应用,并开始引入深度学习技术等多种技术进行尝试,在排水管道缺陷识别检测领域具备了一定的研究基础与成果,但仍然处于初步研究探索阶段,尚未实现管道缺陷识别的全自动化,有待进一步深入研究。

3.3.3 声呐检测

1. 基本原理

声呐根据信号来源分为主动收发声波信号的主动声呐和被动接收物体反射其他设备信号的被动声呐。主动声呐一般分为机械扫描式、多波束扫描式、侧扫式和回声探测式。声呐检测采用主动声呐,主要包括水下声呐检测仪、连接电缆和带显示器的声呐处理器。针对难以降水的管段,声呐检测设备(图3-1)可以将声呐探头浸入水中,进行水下部分的检测。

管道声呐在水下探测目标时,由发射器向转换器发出电信号,仪器接收电信号后,转换器将电信号转换为声信号发射。声脉冲在水下四散传播,碰到水下物体时会产生散射,其中一部分反向散射的声波会按原路返回转换器并转化为可以被接收机处理的电信号,计算机对电信号进行数字量处理后显示在显示器上。检测时,先将牵引绳通入需要检测的管道,装有声呐探头的漂浮筏随着牵引绳对管道进行检

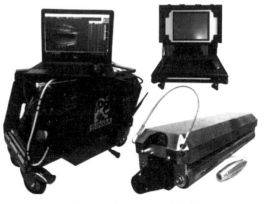

图 3-1 声呐检测设备[28]

测。声呐检测前需进行校准,以待检管道内水样实测声波速度为准,并根据不同的管径选择脉冲宽度。探头行进速度不宜超过0.1 m/s,并在规定采样间隔(如以普查为目的的采

样间距为 5 m)或管道变异处停顿大于 1 个扫描周期以采集数据。原理见图 3-2。

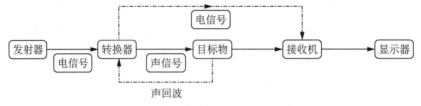

图 3-2　声呐检测原理

声呐检测系统的检测流程如图 3-3 所示[29]。在实际操作中,可依据工程量、具体诊断项目要求作灵活修改与补充[30]。

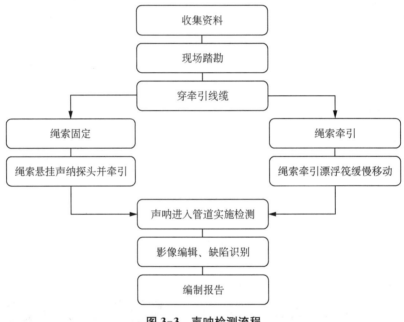

图 3-3　声呐检测流程

2. 适用场景

声呐检测适用于水深大于 300 mm 的管道,主要用于无法对管道进行降水的情况。声呐系统能对管径、变形情况、淤积程度等作出准确、直观的判断,是目前检测满水管道最有效的手段。传统的声呐检测一般使用单波长技术。随着技术的不断完善和发展,当前,基于多波束技术在海洋地质探测、水下地形探测的成功应用,研究者提出多波束声呐管道成像技术,将若干个细分点的管道内壁信息进行比对,得到更精确的管道缺陷情况。另外,国内学者也积极研究声呐设备的国产化,王永涛等以声呐成像技术为基础,研制了低耗能、清晰显示管道缺陷的管道声呐成像仪,并完成了实验室模拟与现场市政管道测试,实现了声呐检测仪器水平与国外水平持平[31]。由于特殊管段工况的降水往往比较困难,为了全面了解管道状况,在 CCTV 检测仅能检测水上部分的情况下,声呐检测可以很好地弥补水下部分数据缺失的不足。需要注意的是,声呐检测结果仅作为结构性缺陷的初判依据,最终应采用 CCTV 检测予以核实或以其他方式检测评估。

3. 技术特点

管道声呐检测无须降水,它既可以检测管道内部部分结构缺陷(如变形、破裂、支管暗接等)和管道功能缺陷(如沉积、结垢、浮渣等),又可提供准确的量化数据,还可以进行量测分析。

4. 技术不足[22]

声呐检测要求管道内应有足够的水深(不宜小于 300 mm)。设备适用的管径范围为 300～6000 mm。现场管道应能穿入一根绳索,被用作牵引漂浮筏移动或悬挂声呐探头,绳索须穿过管道是声呐检测的前提。检测前应从被检测管道中取水样,通过调整声波速度对系统进行调整,主要是调节信号的强弱。不是所有的缺陷都能被声呐检测发现,一般来说,垂直于轴向且外轮廓变异类的缺陷容易被发现,如淤积、变形等;但声呐对大多数结构性缺陷没有反应,因为声呐检测毕竟不是直观的管道内壁影像,有时还会出现一些假象。故声呐检测结果不能作为评估的直接依据,只能用作粗略的判断。

3.3.4 联合应用[22]

1. CCTV 检测与 QV 检测相结合

对于管道缩径的区域,即小于 300 mm 的管道段,CCTV 爬行器无法进入。这时可以使用潜望镜,不仅可以清晰、细致、直观地观察管道缺陷,还能避开管道中各种障碍物的限制。结合两种检测技术,可大大提高检测效率和检测准确性。

2. CCTV 检测与声呐检测相结合

CCTV 检测与声呐检测相结合是目前检测技术发展最大的成就。CCTV 检测适用于水面以上检测,声呐适用于水面以下检测。把二者结合起来弥补了各自的缺陷,检测优势明显。当水位较高且无法实行高效降水措施或封堵、吸污、排淤、清洗费用相对较高时,就可以采用二者结合的方法。把爬行器放置在小船上,在船底固定声呐探头,这样能通过显示器观察管道上方的缺陷。同时,通过声呐进行水下检测,可以了解水下管道的功能缺陷状况,形成优势互补。

3. 检测技术的融合创新

CCTV 检测与声呐检测相结合还有很多不便之处。比如,CCTV 检测和声呐检测各需要一个主控制器和一根线缆,这在实际施工过程中显得很烦琐,两种线缆容易缠绕,而且还需要增加检测人员来分别观察 CCTV 控制器和声呐控制器。

未来,二者相结合的技术首先可以在软件方面进行创新,实现同一软件控制 CCTV 和声呐传来的图像,这样就可以合并主控器。线缆端部可设置分叉连接头,分别连接 CCTV 爬行器与声呐探头,这样就可以消除双线缠绕的问题。线缆旁边还可以设置线缆冲洗装置,检测完成后自动冲洗线缆,无须专人擦洗,既方便又省时。

3.4 其他检测方法

1. 管道扫描与评估技术

管道扫描与评估技术(the Sewer Scanner and Evaluation Technology, SSET)结合了扫描仪与回转仪的技能优势,能够提供具体的数字图画[32]。其主要优势是具有高质量的数据,数字成像有助于分类并将缺点数据表格化,可用不同色彩对缺点处做标记,实现对管道水平和垂直误差的丈量,这些均有利于加快评估过程。SSET 运用于圣何塞排水管道系统检测时,其自动评估分类过程对缺陷情况(如裂缝、分支等)具有精准的检测结果,在错接的检测中,准确率甚至达到了 100%,证明了将该技术运用于实际工程中自动判断管段整体状况的可行性[33]。

2. 全景量化检测技术

全景量化检测技术具有全景与量化两大特点,即可将管道内部全景以一张图片的方式呈现;对于管道缺陷处可以进行精确的量化。使用该技术检测管道时,操作人员只需设置好参数,使爬行器沿管道爬行,检测过程中无须观察。在检测完毕、保存数据判读时,操作人员可在管道全景图上进行判读。操作人员选择特定缺陷时,系统可自动关联到对应的视频帧和激光轮廓数据进行量化。全景量化检测技术可应用于管道验收与管道混接尺寸、排口尺寸的调查。

利用 X5-H 系列管道 CCTV 检测机器人可实现对管道的全景量化检测,设备硬件由爬行器、LIDAR 探头与全景镜头组成,搭配 PIPESCAN 软件使用。在 Pipescan 软件检测界面上有视频、激光轮廓、全景图、色谱图和姿态数据五个内容。因此只需要一次检测就可以获得多种数据。检测视频还能与二、三维视图联动分析,进而全面直观地了解管道内部状况,精准测量分析管道缺陷,实现定性、定量的判读评估。

3. 电法测漏检测技术

X6 排水管道漏点检测仪可以实现管道测漏。其检测成本仅为 CCTV 检测的 1/4,探测有效性却超过 CCTV 检测的 3 倍。其工作原理是:当管内壁为绝缘材料时,电性为高阻抗,水和大地为低阻抗;当管道内壁完好时,接地电极和探棒电极之间的电阻很大,电流很小;当管道内壁存在缺陷时,电极之间存在低阻抗通路,电极之间的电流因此增加。电流值大,则泄漏越严重,基于此可推断造成空洞及地面塌陷的严重程度。

X6 排水管道漏电检测仪采用聚焦电流快速扫描技术,通过实时测量聚焦式电极阵列探头在管道内连续移动时透过漏点的泄漏电流,现场扫描并精确定位所有管道漏点。聚焦式电极阵列探头主要由一个中心电极和两个辅助电极组成,其会产生一个径向的聚焦式交流电流场,分布在 20～80 cm 的有限范围内。因此,只有当聚焦式电极阵列探头接近管道缺陷点时才会产生泄漏电流,各个漏点呈现独立的电流峰值,从而实现漏点定位的高分辨率和高定位精度。主要适用于带水非金属(或内有绝缘层)不带压管道检测,运用于新管验收、管道修复后的渗漏验证、管道泄漏点的统计分类、分级评估、检测定位等。

4. 管道检测实时评估技术

管道检测实时评估技术是一种对下水道和其他管道的状况进行定量和自动评估的技术。该技术利用管道内机器人携带的扫描仪测量管道的内部几何形状,并分析数据,最后使用人工智能技术自动检测、分类和缺陷评级,评估过程无须操作人员参与,能消除操作者的主观性和经验不足。墨尔本在进行 1.8 万 km 的污水管网检测时,该技术以自动评估的优势替代了传统 CCTV 检测,达到了降低时间成本与经济成本的目的[34]。

5. 分布式温度传感器

分布式温度传感器(DTS)具有高时间分辨率和高空间分辨率的特点,可以探测出排水管道中水温异常变化的位置,也可以检测出管道发生故障可能性较高的薄弱处[35]。DTS 技术在挪威污水系统管道渗漏点的检测中也成功运用,实现市政排水管道渗漏点、雨污混接点的检测以及管道渗漏前的预警工作,可在缺陷出现前有针对性地进行养护和维修,降低负面影响。

6. 超长距离机器人

超长距离机器人又称 X5-HW 管道 CCTV 检测机器人,由爬行器、镜头、电缆盘和主控制器四部分组成。爬行器可搭载不同规格型号的镜头(如旋转镜头、直视镜头、鱼眼镜头),标配 2 050 m 电缆。爬行器与镜头通过电缆盘连接主控制器,而后响应主控制器的操作命令。在检测过程中,主控制器可实时显示、录制镜头传回的画面以及爬行器的状态信息,并在现场生成符合行业标准的检测报告。超长距离机器人顾名思义适合大型长距离排水管道检测,检测管径范围为 800～4 000 mm,检测距离可达 2 000 m。其最显著的特点是单次检测距离长,解决了传统管道检测机器人无法检测长距离管道的问题。

7. OTTER-MiNi 无动力声呐检测漂浮筏

OTTER-Mini 无动力声呐检测漂浮筏是一种利用声波在水下的传播特性,通过电声转换和信息处理,完成水下探测和通信任务的电子设备,可适应管网积水较多的情形,能够对水面以下管网状况进行检测。该电子设备的漂浮筏具备 IP68 防护等级,前后各搭配 300 万像素摄像头,定距自动抓拍影像。除此之外,该设备还搭配专业级高精度声呐、

120 m 线缆车和人性化数据处理软件。其高精度声呐采集准确可靠,故障率低。线缆车标配自动收放线功能,方便易操作。数据处理软件可叠加多种数据,编辑后自动生成检测报告。该设备主要用于市政排水管道、雨水收集管道内部快速检测成像,适用于 DN300 以上管径的满管水或 2/3 管水的管道中快速成像及形成检测数据。

8. GTS2-Discovery 探路者管网检测机器人

该设备类似于自由组合拼装的积木,配备螺旋底盘和轮式底盘两种驱动底盘,主机体、球机云台、电池、底盘等组件都可速拆快装,根据检测需求搭载高精度环形扫描声呐和激光雷达,能变换组合出 6 种以上形态的爬行器。由于其能够满足大规模管线普查需求,且成本低、效率高,故可进行常规管网 CCTV 检测,也能应用于多类非常规的复杂管网工况。

(1) GTS2 全地形检测机器人

该款机器人采用螺旋底盘搭载球机云台,螺旋式推进设计,无须对管道预处理,适用于管径 DN600 以上的高水位、高淤积等复杂管道检测。

(2) GTS2 小全地形检测机器人

该款机器人采用小型螺旋底盘搭载球机云台,轻巧灵活,最小可进入 DN400 的管道,适用于市政排水管道、暗渠、箱涵、明渠等高淤积、高水位等工况。

(3) GTS2 满水检测机器人

该款机器人采用螺旋底盘搭载高精度声呐和定焦摄像头组件,使用时无须对管道预处理,自带动力前进,适用于管径 DN600 以上的高水位工况声呐检测。当设备倒置使用时,可进入接近满水的工况进行声呐检测。

(4) GTS2 大场景检测机器人

该款机器人采用轮式底盘搭载球机云台,越障能力强,视野开阔,适用于管径 DN1200 以上的管道、箱涵、明渠暗渠、隧道等大场景工况检测。

(5) GTS2 轮式检测机器人

该款机器人采用轮式底盘搭载 Dolphin-L2 云台及升降架,适用于管径 DN400 以上的排水管道作常规 CCTV 检测。

(6) GTS2 长距离检测机器人

该款检测机器人采用长距离轮式底盘搭载 Dolphin-L2 云台及升降,六轮四驱,动力强劲,具有超强的越障性能,适用于管径 DN400 以上的长距离工况检测,最远可检测 2 000 m。

9. G60 供水管道检测机器人

G60 供水管道检测机器人是一种基于声学和视频影像技术等开发的无损检测评估设备。该款设备由多功能传感器、投缆装置、插入装置、电缆盘、控制终端等组成,通过声音、图像、定位传感器,快速检测并定位供水管道漏点。设备漏点辨识度高、定位精准、操作简易,可有效检测微小泄漏、破损、管瘤、杂质淤积等多种异常情况。相较于传统地面听音等检漏技术、系缆式管道内部检测技术,其能够在不影响管道供水运营的情况下,对管网进行体检式查漏,能够检测到微小的漏点并实时呈现管道内部状况。同时,该机器人单次检测距离远、效率高,能够快速完成不同工况的管道检测,对于城市复杂管网检测具有巨大的优势。

G60 供水管道检测机器人适用于管径大于 DN300 的钢管、水泥管、PVC、PE 等材质的供水管道,整体适用管压为 0.1～1.0 MPa。该机器人整体工作流程为:通过插入装置将设备插入到压力管道内,水流推动小型牵引伞牵拉传感器在管道中行进。传感器通过电缆与地面设备连接,将获取管道内部的声波与视频信息传回地面控制单元。工作人员通过接收处理后的声音、图像,判断管道漏点等健康状况。发现异常后,操作人员通过线缆控制传感器进退,反复确认缺陷位置,同时借助地面信标系统实现异常状况的精准定位。

10. Otter-S 动力声呐检测机器人

Otter-S 动力声呐检测机器人是一种自带动力的排水管网水下声呐检测机器人。其搭载环形扫描声呐,在管道不作预处理的情况下,能识别判定管道的沉积、变形、破损、异物穿插等缺陷情况,配合声呐处理软件,可快速输出检测报告。

其爬行器采用水下双螺旋推进方式,可有效防止管内或河道异物缠绕,具有较强的通过性,静水速度可达 0.3 m/s。机身内置三轴坐标陀螺仪,可自动调整爬行器水下平衡状况,防止水下倾覆,并实时反馈在平板终端界面,辅助操作。机身前置与顶部摄像头具备 300 万高清像素,配合灯光照明,辅助操作人员了解管道内部作业环境状况。

该机器人搭配专业的厘米级高精度截面扫描声呐,可 360°旋转环形扫描内部管壁情况,形成直观的管道截面图扫描数据。针对不同管材与管径,可通过声呐功率的调频增幅或降幅。线缆长度约为 150～1 000 m,能够自动收、放线,检测过程无须使用牵引绳拉拽爬行器,适用于 DN 500～6000 的管道、箱涵、倒虹管、河道等高水位工况,使复杂管道场景检测变得简单高效。

11. 多重感应技术

多重传感器(Sewer Assessment Multi-sensors,SAM)是德国研发的一项管道检测新技术,其包括光学检测系统,能够将测量中得到的排水管道尺寸、形状数据加以记录;管壁扫描型传感器可对管道周围土壤和排水管道的整个表面进行检测;声学系统通过发散声波而产生振动或是其他现象,对排水管壁裂缝及接口情况进行检测[36]。

12. 管网水质水量分析法检测

(1)管道淤积风险评估

管道内部淤积会导致管道过流量的减少,进而导致管道高水位甚至满管运行,最终造成溢流和城市内涝。通过管道淤积风险级别(Sediment Risk Level，SRL)判断淤积情况，并对管道进行养护处理,可减少此类病害的发生。管道淤积风险评估见表3-2,计算方式见公式(3-1)。

$$SRL = d/D \tag{3-1}$$

式中,d表示监测点管道液位的最大值(mm);D表示监测点管道直径(mm)。

表3-2 管道淤积风险评估

管道淤积风险级别	管道情况
$SRL < 0.75$	运行良好
$0.75 \leq SRL < 1$	存在风险
$1 \leq SRL < 2$	风险较高
$SRL > 2$	风险高

(2)管网入渗入流分析法

基于水质水量监测数据,可构建水质水量质量守恒平衡公式,确定管网外来水量。对于任意污水管网系统,外来水量包含混接污水量、地下水入渗量和河水倒灌水量。因此,对于任意段管网的外来水量解析,可建立物质守恒平衡方程

$$Q_2 = Q_1 + Q_\mu \tag{3-2}$$

$$Q_2 C_2 = Q_1 C_1 + Q_\mu C_\mu \tag{3-3}$$

式中,Q_1、C_1分别表示任意管段上游节点水量及水质浓度;Q_2、C_2分别表示任意管段下游节点水量及水质浓度;Q_μ、C_μ分别表示任意管段外来水量及水质浓度。

(3)管网水质水量分析法的运用

管网水质水量分析常用于管网混接的诊断,采用布设流量计和水质仪器同步检测的方法,基于数据进行管网混接的溯源。

肖涛等以检查井液位检测为核心,并以总氮和电导率作为表征生活污水和地下水的水质特征因子,对上海市某区进行管网系统混接问题进行了分析[37]。沈伟康等对一定长度的管道通过安装在线液位设备计算管道流量及充满度,并判断是否有未知接入及渗漏情况,为后续CCTV检测结果提供支撑[38]。徐祖信等采用总氮和硬度作为水质特征指标,证明某区域雨污水管网系统的解析与预期管道状态相符,表明水质特征因子的地下水渗入量的分析计算方法可行,可在管网破损和维护判断中发挥作用[39]。

此外,2.2节也介绍了采用水质水量分析对管网系统进行诊断与评估的具体流程和

方法,本书案例篇将详细描述水质水量分析法在实际工程中的应用。

3.5 排水管道常见缺陷及影响因素

3.5.1 管道缺陷分类

1. 国内外管道缺陷分类对比

排水管道的缺陷是由管道结构特性、管内因素、地下条件及地上条件相互作用综合导致的。管道结构特性包括管道服役年限、管道材料、管道直径、管道长度、管道坡度、管壁厚度、接口方式、管道安装方式、管道自重、管道腐蚀以及管道功能类型;管内因素包括管内温度、管内湿度、水质来源、水流速度、水压力、水质类型、排水量、水质酸碱度和污染物浓度;地下条件主要包括垫层材料、垫层安置方式、树根入侵、附近施工扰动、地下水位、周围土类型、土质理化性质、土压力、冰冻荷载、环境温度、环境湿度和地基承载力;地上条件包括区域降水量、地面交通量、地上树木量、地上建筑类型和道路等级。

排水管道尽管具有明确的服务年限,但在管道结构特性、管内因素、地下条件与地上条件综合影响下,加之运营维护缺失,其会出现水力限制(堵塞)、水力容量和结构损坏故障。管道故障的科学评估应建立在排水管道缺陷科学分类的基础上。

作为最早颁布管道状况评估标准的英国水资源研究中心(Water Research Centre,WRC),其在《排水管道条件分类手册》中将管道缺陷分为结构性(不考虑砌砖下水道,共计 13 项缺陷)、功能性(共计 8 项缺陷)、建造性和特殊性四类。美国的《管道评估和认证程序》(Pipeline Assessment and Certification Program,PACP)从结构(共计 14 项缺陷)、功能(共计 11 项缺陷)及外部因素三方面确定了管道缺陷等级。日本颁布的《下水道电视摄像调查规范(方案)》将管道状况分为破损、腐蚀、裂缝、错位、起伏蜿蜒、灰浆沾着、漏水、支管突出、油脂附着、树根插入共 10 项损坏类别,每种损坏等级分为 A、B、C 三级。中国在《城镇排水管道检测与评估技术规程》(CJJ 181—2012)中将管道缺陷分为结构性缺陷和功能性缺陷,分别包含了 10 种和 6 种缺陷,且该规程将管道状况分为 I ~ IV 四个等级。

通过比较分析不同国家的管道缺陷分类可知,中国与日本、英国、美国的管道缺陷分类存在显著差异。这主要是由于不同国家制定的分类系统是基于各国的管道实际情况,管道缺陷研究的进展及管道修复技术的差异也是原因之一。

中国的排水管道建设与欧美国家存在差异,且标准制定较晚,因此中国管道缺陷分类数量低于英国和美国。

2. 中国管道缺陷分类

（1）管道功能性缺陷

功能性缺陷指由沉积、结垢、障碍物、树根、浮渣以及残墙、坝根（图 3-4 和表 3-3）引起管道过水断面发生变化，从而影响管道过流能力。在功能性缺陷案例中，沉积、结垢、浮渣三种类型占比超过 90%。

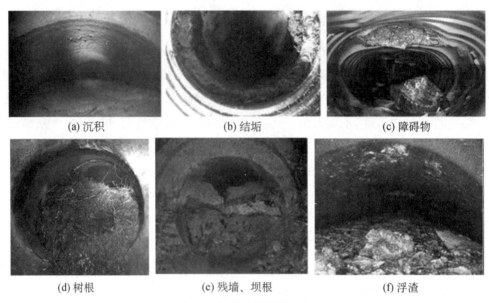

(a) 沉积　　　　　　　　(b) 结垢　　　　　　　　(c) 障碍物

(d) 树根　　　　　　　　(e) 残墙、坝根　　　　　　　(f) 浮渣

图 3-4　功能性缺陷示意

表 3-3　功能性缺陷详情

缺陷名称	缺陷简要概述
沉积	杂质在管道底部沉淀淤积
结垢	管道内壁上的附着物
障碍物	管道内影响过流的阻挡物
树根	单根树根或是树根群自然生长进入管道
残墙、坝根	管道闭水试验时砌筑的临时砖墙封堵，试验后未拆除或拆除不彻底的遗留物
浮渣	管道内水面上的漂浮物

（2）管道结构性缺陷

结构性缺陷指管道结构本体出现损伤从而影响管道的强度、刚度和使用寿命。它包括破裂、变形、腐蚀、错口、起伏、脱节、接口材料脱落、支管暗接、异物穿入和渗漏等 10 种类型（图 3-5 和表 3-4）。在结构性缺陷案例中，破裂、脱节、渗漏三种类型占比超过 95%。

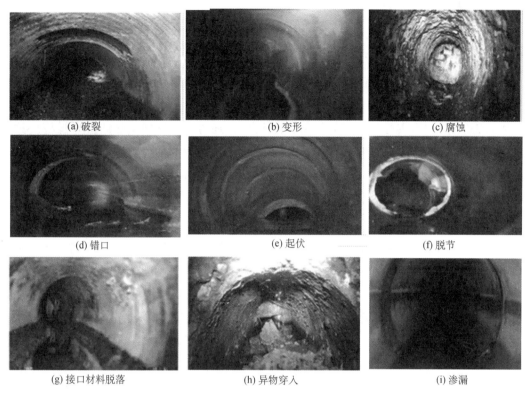

(a) 破裂　　　　　　　　　　　(b) 变形　　　　　　　　　　　(c) 腐蚀

(d) 错口　　　　　　　　　　　(e) 起伏　　　　　　　　　　　(f) 脱节

(g) 接口材料脱落　　　　　　　(h) 异物穿入　　　　　　　　　(i) 渗漏

图 3-5　结构性缺陷示意

表 3-4　结构性缺陷详情

缺陷名称	缺陷简要概述
破裂	管道的外部压力超过自身的承受力使管道发生破裂。其形式有纵向、环向和复合三种
变形	管道受外力挤压造成形状变异
腐蚀	管道内壁受侵蚀而流失或剥落,出现麻面或露出钢筋
错口	同一接口的两个管口产生横向偏差,未处于管道的正确位置
起伏	接口位置偏移,管道竖向位置发生变化,在低处形成洼水
脱节	两根管道的端末未充分接合或接口脱离
接口材料脱落	橡胶圈、沥青、水泥等接口材料进入管道
支管暗接	支管未通过检查井而直接侧向接入主管
异物穿入	非管道系统附属设施的物体穿透管壁进入管内
渗漏	管外的水流入管道

3. 国内管道缺陷分类体系

《城镇排水管道检测与评估技术规程》(CJJ 181—2012)将排水管道的缺陷分为结构性缺陷和功能性缺陷,并对这两种缺陷进行了详细分类和定义。在该标准中,缺陷等级分为 1～4 级,并赋予每个管道缺陷分值为 0～10 分,在评估指标上采用缺陷最大值法和缺陷密度并用的双指标法。

为简化评估,本书在 CJJ 181—2012 的基础上,通过对管段缺陷的调研分析,发现管段缺陷主要表现为破裂、变形、腐蚀、渗漏、错口、脱节、沉积与障碍物。同时,结构性缺陷中接口材料脱落缺陷只有 1 级和 2 级,属于影响较弱的结构性缺陷;浮渣缺陷不参与缺陷等级的计算,说明浮渣缺陷对管道功能影响较小。因此,接口材料脱落与浮渣不参与缺陷计算。

此外,对其他 14 种在管道缺陷描述上有相似点的缺陷进行合理合并。结构性缺陷中,错口表示两个管口的横向偏差,起伏表示接口位置偏移、在竖向位置发生变化。这两种缺陷等级均为 4 级,赋分分值均相同。因此,可将这两种缺陷进行合并。支管暗接和异物穿入缺陷均表示被检测管道有异物穿入管内,可将这两类缺陷合并为一类进行分析。

管道缺陷等级将沿用 CJJ 181—2012 的 4 级标准体系,主要是由于 CJJ 181—2012 的最低分值与最高分值的比值为 1/20,更能突出严重缺陷的影响,符合实际工程情况,更能支持困难管道的科学评估与后续的整体修复。因此,基于上述分析,本书将管道缺陷仍分为结构性缺陷与功能性缺陷两类。结构性缺陷为 8 项,功能性缺陷为 6 项,缺陷名称、等级及分值如表 3-5 和表 3-6 所示。

表 3-5　结构性缺陷划分

缺陷名称	定义	缺陷等级	分值
破裂	管道的外部压力超过自身的承受力致使管子发生破裂。其形式有纵向、环向和复合 3 种	1	0.5
		2	2
		3	5
		4	10
变形	管道受外力挤压造成形状变异	1	1
		2	2
		3	5
		4	10
腐蚀	管道内壁受侵蚀而流失或剥落,出现麻面或漏出	1	0.5
		2	2
		3	5

（续表）

缺陷名称	定义	缺陷等级	分值
错口/起伏	同一接口的两个管口产生横向偏差,未处于管道的正确位置;接口位置偏移,管道竖向位置发生变化,在低洼处形成洼水	1	0.5
		2	2
		3	5
		4	10
脱节	两根管道的端部未充分接合或接口脱离	1	1
		2	3
		3	5
		4	10
支管暗接/异物穿入	支管未通过检查井直接侧向接入主管;非管道系统附属设施的物体穿透管壁进入管内	1	0.5
		2	2
		3	5
渗漏	管外的水流入管道	1	0.5
		2	2
		3	5
		4	10
接口材料脱落	橡胶圈、沥青、水泥等接口材料进入管道(该缺陷须记入监测记录表,不参与计算)	1	1
		2	3

表3-6　功能性缺陷划分

缺陷名称	定义	缺陷等级	分值
沉积	杂质在管道底部沉淀淤积	1	0.5
		2	2
		3	5
		4	10
结垢	管道内壁上的附着物	1	0.5
		2	2
		3	5
		4	10
障碍物	管道内影响过流的阻挡物	1	0.1
		2	2
		3	5
		4	10

（续表）

缺陷名称	定义	缺陷等级	分值
树根	单根树根或是树根群自然生长进入管道	1	0.5
		2	2
		3	5
		4	10
残墙、坝根	管道闭水试验时砌筑的临时砖墙封堵,试验后未拆除或拆除不彻底的遗留物	1	1
		2	3
		3	5
		4	10
浮渣	管道内水面上的漂浮物(该缺陷须记入检测记录表,不参与计算)	1	—
		2	—
		3	—
		4	—

3.5.2 管道缺陷影响因素

排水管道发生缺陷主要的外界因素包括埋深、土壤性质、埋土状况、地面交通状况、植被状况等。李若晗的研究表明埋深与植被状况是影响管道堵塞的主要因素[40];管道周围土壤性质、埋土状况、地面交通状况影响排水管道的结构稳定性;管道周围土体松动、地下水位过高造成管道应力变化,进而造成塑料管的变形和塌陷。地下排水管道所承受的压力主要为管道自重、上部环境压力、管道内部水压以及变形荷载等。

除外界因素外,管道的材质、年龄、长度、直径等内因也会影响排水管道的健康状况。例如,随着管道运行年限的增长,塑料管会逐渐老化,金属管会受内外环境影响而发生腐蚀,这些都会导致管道的结构稳定性逐渐降低。

因此,排水管道缺陷的成因十分复杂,管道缺陷之间也会互相影响,导致排水状况不断恶化。下面对几种常见缺陷问题的因素进行分析。

1. 变形

管道变形是由于管道受外力挤压,可能的原因有施工操作不规范、周围土壤状态改变、地基沉降、管道上方荷载(尤其是道路上方车辆的动负荷影响)等。管道变形缺陷在塑料管中最常见,在设计、施工时应充分考虑管材特点,减少塑料管上方荷载,严格控制施工质量,提高塑料管使用寿命。

2. 破裂

管道破裂缺陷影响因素较多,管龄、管径、埋深、土壤及接口密封性等因素具有显著相关性。当管道发生破裂缺陷时,管道内部与外部环境连通,在地下水位低于管内污水水位时,污水通过破损处进入外部土壤,导致环境污染;在地下水位高于管内污水水位时,地下水会进入污水管内。

破裂缺陷多发生在混凝土管与高密度聚乙烯(High Density Polyethylene, HDPE)管中,且 HDPE 管破裂缺陷多于混凝土管。这是因为 HDPE 更易发生变形缺陷,严重的变形往往伴随着破裂的产生[41]。

3. 腐蚀

管道腐蚀的主要因素为污水水质、管内流速、温度、管龄等。管道腐蚀缺陷在混凝土管和钢筋混凝土管中最为常见。由于混凝土管和钢筋混凝土管的耐酸碱腐蚀及抗渗性较差,而污水管道中污水腐蚀性较强,所以易发生腐蚀缺陷。在严重的情况下,管道混凝土部分会被全部腐蚀。在地下水位较高地区,腐蚀缺陷会带来地下水入渗及污水外渗、进入土壤等问题。

4. 错口、脱节

由于管道接口十分脆弱,施工、管理不当或地基变化均可导致接口错位、脱节及接口损坏等问题,在后期维护中也难以修复,长期的缺陷积累容易引发其他类型的管道缺陷。管道错口、脱节缺陷在混凝土管中较常见,这是因为混凝土管和钢筋混凝土管管节短、接头多、施工较复杂。

5. 渗漏

管道发生渗漏的原因多种多样,可分为内因与外因两类。

内因是管道的材料、附属设备的质量及施工质量,如排水管道的管材出现裂缝、壁厚达不到设计要求等。配套的附属设备变形老化、使用的管材不符合实际要求、管件与管道连接不紧密等,许多质量、规格与性能的问题也会造成排水管道在施工及使用过程中的渗漏。材料及设备的质量得到充分保证时,若不注重施工技术的积累和运用,也会导致施工质量不佳,管道防渗能力差。

外因分为人为因素与环境因素。人为因素包括施工作业质量、维护管理模式等,环境因素包括地质、地形、降雨、环境温差等。管道渗漏的环境因素主要是地基与基础、管渠回填土等外界综合因素,如地基承载力不足使管道下陷,导致管节脱落而漏水;当外界温差很大时,对温度敏感的塑料排水管容易受损而导致渗漏;酸、碱土壤也会腐蚀管道,导致管道破损渗漏。

6. 障碍物、沉积

污水管道中障碍物与沉积缺陷多存在于缺乏日常维护管理的城市管道,管道较长、管径较小、水力坡度较小等条件会增加管道堵塞率。埋深与植被状况也是管道堵塞的相关因素。

排水管道沉积物过多会导致排水管道过水能力下降。当城市遭遇暴雨袭击时,排水管道的排水能力受限会导致雨水在路面存积,进而影响城市交通,带来事故隐患。

3.5.3 影响因素权重分析

管段的修复与维护的缓急程度主要受管段的结构性缺陷参数 F、功能性缺陷参数 G、地区重要性参数 K、管道重要性参数 E、土质影响参数 T 影响。根据修复指数 RI 计算公式

$$RI = 0.7F + 0.1K + 0.05E + 0.15T \qquad (3-4)$$

可知,结构性缺陷参数 F 是最重要的影响因素,权重最高。F 可通过管段的结构性缺陷数量及其分值判定,其中破裂、变形、错口、起伏、脱节、渗漏的分值权重较高,等级均为 4 级,须重点关注此类结构性缺陷。管段结构性缺陷参数 F 的计算公式为

$$F = S_{max}$$

式中,S_{max} 为管段损坏状况参数,管段结构性缺陷中损坏最严重处的分值。

$$S_{max} = \max\{P_i\} \qquad (3-5)$$

式中,P_i 为本管段第 i 个结构性缺陷的分值。

当管段存在结构性缺陷时,其结构性缺陷密度 S_M 为

$$S_M = \frac{1}{SL} \sum_{i=1}^{n} P_i l_i \qquad (3-6)$$

式中,S 为管段损坏状况参数,按缺陷点数计算的平均分值;L 为管段长度(m);P_i 为本管段第 i 个结构性缺陷的分值;l_i 为本管段第 i 个结构性缺陷的纵向长度(m)。

管段结构性缺陷等级见表 3-7。管段结构性缺陷评估可按表 3-8 确定。管段结构性缺陷类型评估见表 3-9。

表 3-7 结构性缺陷等级权重和计量单位

缺陷名称	缺陷等级权重				计量单位
	1	2	3	4	
破裂	0.5	2	5	10	个(环向)或米(纵向)
变形	1	2	5	10	个(环向)或米(纵向)
腐蚀	0.5	2	5		米
错口/起伏	0.5	2	5	10	个
脱节	1	3	5	10	个
支管暗接/异物穿入	0.5	2	5		个
渗漏	0.5	2	5	10	个或 m
接口材料脱落	1	3	—	—	个

表 3-8 管段结构性缺陷等级评定参考

等级	缺陷参数 F	修复建议及说明
Ⅰ	$F \leqslant 1$	无或有轻微缺陷,结构状况基本不受影响,但具有潜在变坏的可能
Ⅱ	$1 < F \leqslant 3$	管段缺陷明显超过Ⅰ级,具有变坏的趋势
Ⅲ	$3 < F \leqslant 6$	管段缺陷严重,结构状况受到影响
Ⅳ	$F > 6$	管段存在重大缺陷,损坏严重或即将导致破坏

表 3-9 管段结构性缺陷类型评估参考

缺陷密度 S_M	<0.1	$0.1 \sim 0.5$	>0.5
管段结构性缺陷类型	局部缺陷	部分或整体缺陷	整体缺陷

地区重要性参数 K、管道重要性参数 E、土质影响参数 T 的分值权重分别如表 3-10~表 3-12 所示确定。中心商业、附近具有甲类民用建筑工程的区域与交通干道、附近具有乙类民用建筑工程的区域为较重要的地区,其分值权重较高。大管径管道的分值权重较高,当管径 D 高于 1 500 mm 时,E 值高达 10。粉砂层、湿陷性黄土、膨胀土、淤泥类土与红黏土的分值权重较高。

表 3-10 地区重要性参数 K

地区类别	K 值
中心商业、附近具有甲类民用建筑工程的区域	10
交通干道、附近具有乙类民用建筑工程的区域	6
其他行车道路、附近具有丙类民用建筑工程的区域	3
所有其他区域或 $F < 4$ 时	0

表 3-11 管道重要性参数 E

管径 D	E 值
$D > 1\,500$ mm	10
$1\,000$ mm $< D \leqslant 1\,500$ mm	6
600 mm $\leqslant D \leqslant 1\,000$ mm	3
$D < 600$ mm 或 $F < 4$	0

表 3-12 土质影响参数 T

土质	一般土层或 $F=0$	粉砂层	湿陷性黄土			膨胀土			淤泥类土		红黏土
			Ⅳ级	Ⅲ级	Ⅰ、Ⅱ级	强	中	弱	淤泥	淤泥质土	
T 值	0	10	10	8	6	10	8	6	10	8	8

结构性缺陷参数、地区重要性参数、管道重要性参数、土质影响参数综合影响管段的修复策略,可作为管段修复的数据支撑。基于这些参数,可计算管段的修复指数,进而评估管段是否修复(表3-13)。当管段的结构性缺陷参数 $F > 0$ 时,管段修复指数 RI 可按式(3-4)计算。

表 3-13　管段修复等级划分

等级	RI	修复建议及说明
Ⅰ	$RI \leqslant 1$	结构条件基本完好,不修复
Ⅱ	$1 < RI \leqslant 4$	结构在短期内不会发生破坏现象,但应做修复计划
Ⅲ	$4 < RI \leqslant 7$	结构在短期内可能会发生破坏,应尽快修复
Ⅳ	$RI > 7$	结构已经发生或即将发生破坏,应立即修复

管段功能性缺陷参数 G 主要通过管段的功能性缺陷数量及其分值进行评估。其中,沉积、结垢、障碍物、残墙、坝根、树根分值权重较高(表3-14),具体分值根据具体缺陷等级而定。除浮渣缺陷外,其余功能性缺陷等级均为4级。管道功能性缺陷参数 G 为

当 $Y_{\max}$ 大于等于 Y 时

$$G = Y_{\max} \tag{3-7}$$

当 $Y_{\max}$ 小于时

$$G = Y \tag{3-8}$$

式中,$Y_{\max}$ 为管段运行状况参数,功能性缺陷中最严重处的分值;Y 为管段运行状况参数,按缺陷点计算的功能性缺陷平均分值。

管段运行状况参数为

$$Y = \frac{1}{m}\sum_{j=1}^{m} P_j \tag{3-9}$$

式中,Y 为管段运行状况参数,按缺陷点数计算的功能性缺陷平均分值;m 为管段的功能性缺陷数量;P_j 为第 j 个功能性缺陷的分值,按表3-14取值。

表 3-14　功能性缺陷等级权重

缺陷名称	缺陷等级权重			
	1	2	3	4
沉积	0.5	2	5	10
结垢	0.5	2	5	10
障碍物	0.1	2	5	10

缺陷名称	缺陷等级权重			
	1	2	3	4
残墙、坝根	1	3	5	10
树根	0.5	2	5	10
浮渣	—	—	—	—

当管段存在功能性缺陷时,功能性缺陷密度 Y_M 为

$$Y_M = \frac{1}{YL}\sum_{j=1}^{m}P_j l_j \qquad (3\text{-}10)$$

式中,L 为管段长度(m);l_j 为第 j 个功能性缺陷的长度(m)。管道功能性缺陷等级评定应符合表 3-15 的规定。管段功能性缺陷类型评估可按表 3-16 确定。

表 3-15 功能性缺陷等级评估

等级	缺陷参数	运行状况说明
I	$G \leqslant 1$	无或有轻微影响,管道运行基本不受影响
II	$1 < G \leqslant 3$	管道过流受阻比较严重,运行受影响不大
III	$3 < G \leqslant 6$	管道过流受阻比较严重,运行受到明显影响
IV	$G > 6$	管道过流受阻严重,即将或已经导致运行瘫痪

表 3-16 管段功能性缺陷类型评估

缺陷密度 Y_M	<0.1	$0.1 \sim 0.5$	>0.5
管段功能性缺陷类型	局部缺陷	部分或整体缺陷	整体缺陷

基于管段功能性缺陷参数 G、地区重要性参数 K 与管道重要性参数 E,可先确定管段养护指数 MI,进而明确管段养护等级,养护等级划分见表 3-17。

$$MI = 0.8G + 0.15K + 0.05E \qquad (3\text{-}11)$$

式中,当 G 小于 4 时,$K=0$;当 D 小于 600 mm 或 G 小于 4 时,$E=0$。

表 3-17 管段养护等级划分

养护等级	养护指数 MI	养护建议及说明
I	$MI \leqslant 1$	没有明显需要处理的缺陷
II	$1 < MI \leqslant 4$	没有立即进行处理的必要,但宜安排处理计划
III	$4 < MI \leqslant 7$	根据基础数据进行全面的考虑,应尽快处理
IV	$MI > 7$	输水功能受到严重影响,应立即处理

第 4 章

修复整治——排水管道修复技术

　　排水管网是城市污水排放和雨水排放的关键设施,对城市的环境卫生和生活质量有重要影响。然而,因长期使用和自然因素影响,管网出现老化、堵塞、渗漏等问题,需要及时修复和维护。

　　排水管网开挖修复和非开挖修复是城市排水系统维护与改善的两种主要技术。开挖修复是较为传统的管网维护方法,具有直观、可靠的优势,能够准确找出管道的问题所在,并及时进行修复。开挖修复可以较好地应对大面积管网损坏,其操作相对简单,且修复过程相对容易控制。然而,开挖修复也存在一些不足,如需要挖掘地面,会给城市交通和环境造成一定影响,且施工周期较长;对于埋深较深、管道较为复杂的区域,开挖修复可能会遇到较大的困难。非开挖修复则是一种较为先进的管网维护方式,采用诸如喷涂补漏、缝隙灌浆、管道充填等方式,在管道修复过程中对周边环境影响较小,能够快速定位和修复管道问题。非开挖修复技术在城市繁华地段和地下管网较为复杂处使用具有优势。它不会对交通和城市环境造成太大影响,且施工时间较短。不过,非开挖修复也有其局限性,特别是在管道损坏较严重时,可能需要多次修复才能达到较好的效果。

　　在管网维护和改善工程中,可以根据具体情况综合考虑使用这两种方法,以最大程度地保障城市排水系统的稳定运行和环境保护。本章将从两种管道修复技术的定义、类型与施工特点等方面详细论述。

4.1　开挖修复技术

　　排水管道开挖修复技术是一种需对修复管段进行沟槽开挖的方法,须利用挖掘设备对管道铺设的沟渠进行开挖,并在管道安装、维修或更换完成后再填槽,一般适用于管道埋深较浅、管径较小的排水管道;施工场地须开阔,对城市环境、交通及居民生活影响较小。开挖修复技术起步较早,技术标准较成熟,施工简便,修复效果显著,目前是一种重要的城镇排水管道修复方法。然而,开挖修复会对城市交通、环境及经济等方面产生不利影响,综合成本较高。

　　管道开挖主要包括放坡开挖与支护开挖两种方式(图4-1)。

(a) 放坡开挖

(b) 支护开挖

图 4-1　管道开挖形式

4.1.1　放坡开挖

放坡开挖是在排水管道施工时,为了安全起见,在达到一定深度时,在开挖边缘处放出足够的边坡,以便进行人工清理或机械开挖,从而保证施工安全和提高施工效率。

放坡开挖的优点是施工速度快,造价较低。缺点是开挖和回填土方均较大,坑边变形大。其适用于基坑周边开阔、满足放坡条件、基坑周边土体允许有较大位移、开挖面以上一定范围内无地下水或已经降水处理的情况;不适用于淤泥和流塑土层、地下水高于开挖面或未降水处理的情况。

在放坡开挖时,应注意放坡坡度的控制,一般不宜超过1:6,并应根据土质情况合理选择放坡方式,如单级放坡、多级放坡等。同时,应采取有效的排水措施,防止地表水流入基坑,造成基坑浸泡或坍塌。

4.1.2　支护开挖

支护开挖有板式支护、槽钢支护、钢板桩支护和挡土板支护四种形式。

(1)板式支护是指利用预制型钢结构配合钢管横支撑组合而成的基坑支护装置,预制型钢结构由 16♯、14♯槽钢及 3 mm 厚均质钢板焊接而成,横撑采用 $\phi100$ mm 钢管。板式支护装置根据标准图纸加工成型,生产效率高,适配性强,稳定性及安全性较高,现场拼装后安全文明施工形象面貌较好。板式支护形式主要适用于深度不超过 2.5 m、地质条件较好且无水的基坑支护。

(2)槽钢支护是一种常见的基坑支护形式,通常由槽钢密排布置形成基坑临时支护结构,属于简易围护结构。用于基坑支护的槽钢长度一般为 3～6 m,采用打桩机打入地下,并在路面以下 50 cm 处布置一道横撑,槽钢支护抗弯能力强,可多次重复使用,因此在基坑支护工程中用途广泛。由于槽钢之间搭接处不严密,不能完全止水,故槽钢支护一般用于深度不超过 3.5 m,无水且地质条件较好的基坑。若在高地下水位地区施工,须进行隔水和降水作业。

(3)钢板桩是带有锁口的一种型钢,其截面有直板型、槽型和 Z 字型。通过锁口的连接,钢板桩可自由组合形成一种连续紧密的挡土或挡水钢结构体。钢板桩的长度可根据工程需求定制,且生产周期短,为施工带来方便。常见的钢板桩长度主要为 6～12 m。钢板桩自身强度高,容易打入坚硬土层,施工简单,安全性高,对各类型基坑均能起到很好的支护效果,且可重复使用,有效节约资金,故广泛应用于基坑支护施工中。钢板桩具有耐久性好、二次利用率高、施工方便、工期短等优点。

(4) 挡土板是为了防止沟槽、基坑土方坍塌的一种临时性的挡土结构,一般由撑板和横撑组成。常见的挡土板主要有钢、木两种形式。其中,挡板常见形式为厚木板或钢板,横撑常见形式为方木或钢管。挡土板支护一般用于开挖深度不超过 1.5 m,无地下水且地质条件较好的基坑。

支护开挖无法阻挡地下水与小颗粒,在高地下水位地区须做好隔水与降水。支护开挖在小于 4 m 基坑中采用悬臂支护,在大于等于 4 m 基坑中增加内支撑,下部需有嵌固端插入稳定土层。

管道开挖修复作为传统修复技术,其主要有缠绕、夹板、管箍、焊接、粘结及更换管段等方法,各种方法的适用管材、使用条件与主要使用材料如表 4-1 所示。缠绕、夹板、管箍等方法虽可以迅速有效地处理管道的漏损及爆管问题,但无法解决管道老化及腐蚀导致的管道结构强度降低、漏损及爆管等严重问题,只能更换管道,其成本一般较高。

表 4-1 几种常见的管道开挖修复方法及适用特点

修复方法	适用管材	使用条件	主要使用材料
缠绕及夹板	各种管材	管道裂缝、孔洞	缠绕带、夹板
管箍法	钢、铸铁、钢筋混凝土、玻璃钢、PE、PVC	管道接口脱开、断裂及孔洞修复	管箍、止水
焊接法	不锈钢、PE、PVC	钢质管道焊缝开裂、腐蚀穿孔	焊条
粘结法	玻璃钢、PE、PVC	管道裂缝、孔洞	胶粘剂
更换管道法	各种管材	整体管道破损或其他修复方法修复困难	新管道

4.2 非开挖修复技术

非开挖修复技术起源于美国,最初应用于石油、天然气等行业的管道维护和更换修复,之后逐步应用于给排水管道破损的修复工程。相较于开挖修复技术,非开挖修复技术具有施工周期短、交通影响小、占用场地小和使用寿命长等优势,正日益受到政府、社会和企业的青睐。

我国的管道非开挖修复技术开始于 20 世纪 50 年代,经历了从无到有、从弱到强、走向国际市场等阶段。目前,非开挖修复技术已在我国大中城市广泛应用,其中热水原位固化法和紫外光原位固化法市场占有率高达 90%。非开挖修复工程主要集中于广东、福建、上海、江苏、浙江等地区。

由于我国排水管道老化加剧,可应用非开挖修复技术的国内市场空间不断扩大,针对非开挖修复技术的实施标准和政策也日益完备。例如,《城镇排水管道非开挖修复更新工程技术规程》(CJJ/T 210—2014)为排水管道修复、改造施工提供了技术支撑。广东省和上海市也发布了非开挖修复技术的地方规范和标准,如《上海市城镇排水管道非开挖修复工程预算定额》《上海市城镇排水管道非开挖修复技术标准》《广东省排水管道非开挖修复工程预算定额》《广东省城镇公共排水管道非开挖修复技术规程》等,加速了城镇排水管道非开挖修复技术的标准化。

管道非开挖修复技术可利用现有管道材料和设备,在不影响原有管道正常使用的情况下,对管道进行维修和修复。按修复范围可分为整体修复工艺和局部修复工艺。无论是整体或局部修复,施工前均需对原有管道进行预处理。预处理措施主要有临时封堵、管道清洗、缺陷预处理、裂缝嵌补、土体注浆加固等。

4.2.1 整体修复工艺

整体修复工艺通常适用于管道破损范围较大、须进行整段修复或替换的工况,主要包括原位固化法、现场制管法、喷涂(筑)法、碎裂管法等四类方法(图4-2)。

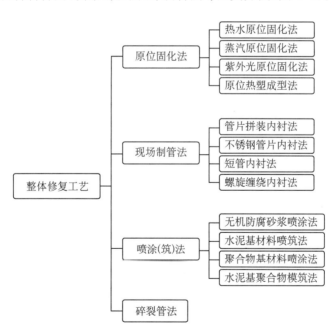

图4-2 管道整体修复工艺

排水管道的管材、管径、缺陷类型及损坏程度不一,这促进了不同整体修复工艺的发展,以适应不同排水管道的修复。因此,针对上文提出的五类整体修复方法开展优缺点分析(表4-2),可明确不同整体修复工艺的适应性与局限性,进而为不同缺陷类型的管道筛选整体修复工艺提供理论基础。

表 4-2　不同整体修复方法优缺点

名称	优点	缺点
原位固化法	① 无须灌浆与开挖工作坑 ② 施工速度快、工期短 ③ 修复后形成连续内衬管,表面光滑,流量损失小	① 不可带水修复 ② 对施工人员的技术水平和经验有较高要求 ③ 紫外光原位固化造价高 ④ 热水原位固化法与蒸汽固化法需特殊施工设备,占地面积大
现场制管法	① 管片拼装内衬法、短管内衬法和螺旋缠绕内衬法可带水修复 ② 无须大型机械设备 ③ 修复后管道可承受破坏强度高	① 不锈钢管片内衬法不可带水修复 ② 有注浆需求 ③ 短管内衬法有工作坑需求
喷涂(筑)法	① 可预防轻微渗漏 ② 无工作坑与注浆需求	① 不可带水修复 ② 对施工前的堵漏和管道表面处理有较严格的要求 ③ 受操作环境和人为因素较大 ④ 稳定性和可靠性比较差
碎裂管法	① 施工效率高 ② 价格优势 ③ 可带水修复	① 需要开挖地面进行直观连接 ② 不适于膨胀土内的管道更换 ③ 需对局部塌陷进行开挖施工以穿插牵拉绳索或拉杆

1. 原位固化法

原位固化法(Cured in Place Pipe,CIPP)施工原理是在现有的旧管道内壁衬一层热固性物质(如树脂),利用内衬翻转或用绞车把软衬管拉到预定位置,通过加热(利用热水、热蒸汽或紫外线等)使其固化,从而形成与旧管道紧密配合的内衬管。

原位固化法具有施工周期短、环境影响小、整体性好、耐压强度高、防腐性能优越等优点,因此在管道修复和加固中得到了广泛应用[42]。根据软管置入原有管道方式可分为拉入法和翻转法,根据树脂的固化方式可分为热水固化、蒸汽固化和紫外光固化。常用的原位固化法有热水原位固化法、紫外光原位固化法和原位热塑成型法,可用于管径 DN300～1 800 的管道,可修复接口错位和管道变形等病害,管径损失小,是世界各国运用最普遍的一种内衬修理施工方法。

(1) 热水原位固化法

热水原位固化法(图 4-3)是将浸热固性树脂的软管置入原有管道内并与原管紧密贴合后,再通热水使其固化形成内衬管的修复工法,具有施工速度快(1～2 d)、使用寿命长、造价较低等优点。然而,其对施工技术要求较高,如修复过程中热水温度控制不佳会导致施工质量无法保证。该工法使用的软管应由单层或多层聚酯纤维毡及外膜组成,并应与所用树脂结合。该工法可用于修复管径 DN300～1 800 的各种材质、各种断面排水管道,也可用于修复埋深不大于 5 m 的检查井。在实际工程中,该工法可较好地完成病害管道的修复工作。例如,重庆市某 DN600 病害管道经该工法处理后,固化管内壁无鼓胀、裂纹、褶皱等现象,初始结构性能满足《城镇排水管道非开挖修复更新工程技术规程》(CJJ/T 210—2014)的要求[43]。但是该工法不可带水修复。

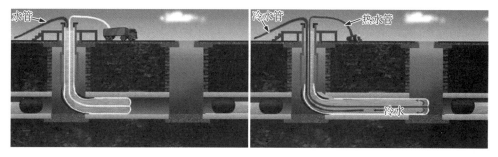

图 4-3 热水原位固化法施工示意

热水原位固化法施工工艺流程如图 4-4 所示。

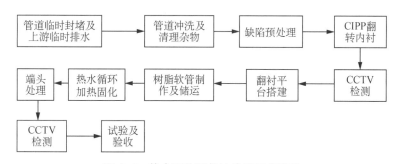

图 4-4 热水原位固化法施工工艺流程

(2) 紫外光原位固化法

紫外光原位固化法是采用牵拉方式将浸渍固性树脂软管置入原有管道内并与原管紧密贴合后,通过紫外光照射使其固化形成内衬管的修复工法(图 4-5),具有施工效率高、对管道内处理要求不高、使用寿命长等优点。然而,其对施工技术要求较高,造价也较高,主要可用于多类型截面、多用途管道以及大曲率半径、错位严重、变径等复杂情况管道的修复[44]。

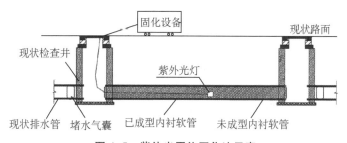

图 4-5 紫外光原位固化法示意

紫外光原位固化法使用的软管应由双层或多层 ECR 玻璃纤维材料以及内外膜组成,

并应与所用树脂兼容。含玻璃纤维内衬管的弯曲强度应大于 60 MPa,弯曲模量大于 8 000 MPa,抗拉强度大于 80 MPa。目前,该工法适用于管径 DN300～1 500 的各种材质、各种断面排水管道修复,采用预制贴片拼贴的方式可修复检查井,但不可带水修复。在实际工程中,紫外光原位固化法具有工序简单、施工作业面小、施工工期短(一般只需 3～4 h)、过程可视、噪声低等优点。其对现场修复破损的排水管道具有良好的效果,具体施工工艺流程见图 4-6。对于大管径、长距离排水管道的修复,由于内衬管径大且壁厚,树脂固化的难度增大,对灯架的紫外光强度及前进速度也有严格要求。而且,管径越长,紫外光灯架及修复系统越需要保持长时间稳定运行。同时,在固化过程中应确保一定的压力,使内衬管与原有管道紧密贴合。因此,该法对施工人员的技术水平和经验有较高要求。

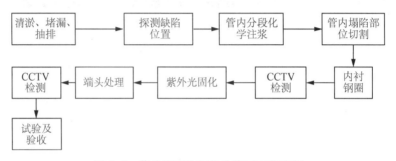

图 4-6 紫外光原位固化法施工工艺流程

(3) 原位热塑成型法

原位热塑成型法是采用牵拉方法将生产压制成 C 型或 H 型的内衬管置入原有管道内,然后通过静置、加热、加压等方法将内衬管与原有管道紧密贴合的管道内衬修复工法(图 4-7),可修复异形、管径有变化、接口错位大及有弯角的管道。

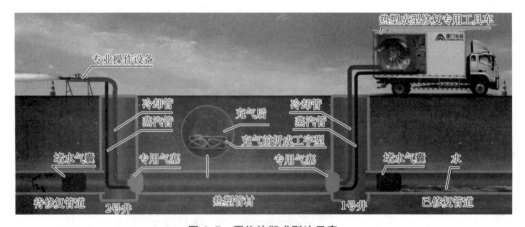

图 4-7 原位热塑成型法示意

该工法采用的内衬管材为热塑聚合物树脂,可反复加热,韧性好,耐腐蚀性强,能紧密贴合,造价低,施工风险低。热塑性衬管的弯曲强度应大于 30 MPa,弯曲模量大于 1 800 MPa,

抗拉强度大于 30 MPa,断裂伸长率大于 25%。该工法适用于修复管径 DN300~1 200 的各种材质、各种断面排水管道,但不可带水修复。具体施工工艺流程见图 4-8。

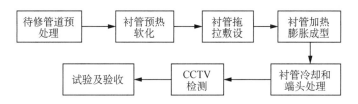

图 4-8　原位热塑成型法施工工艺流程

2. 现场制管法

现场制管法包括管片拼装内衬法、不锈钢管片内衬法、短管内衬法和螺旋缠绕内衬法,适用于整体修复。该方法内衬管材多样,常用的有聚氯乙烯(PVC)管、不锈钢管、PE管、高密度聚乙烯(HDPE)管、PVC-U 带状型材等,可用于管径 DN300~4 000 的管道修复,是常用的非开挖修复技术。

(1) 管片拼装内衬法

管片拼装内衬法是将 PVC 片状型材在原有管道或检查井内通过螺栓连接形成内衬,并对内衬与原管或井壁之间的空隙进行填充的修复工法。该工法所用管片模块应由 PVC 或同等性能及以上材料制成,表面应光滑,并应具有较好的耐久性及抗腐蚀性,其中 PVC 管片的纵向拉伸强度大于等于 40 MPa,热塑性塑料软化温度大于等于 60 ℃。在实际工程中,该工法可用于修复管径 DN800~4 000 的各种材质、各种断面排水管道,并可修复检查井。因此,该工法适用于大型排水管道的非开挖修复,施工工艺流程如图 4-9 所示。

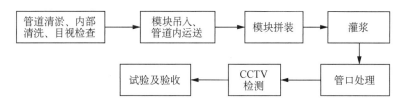

图 4-9　管片拼装内衬法施工工艺流程

管片拼装内衬法的优点是施工工艺简单,施工时间短,对管道的损伤小,可以有效地修复排水管道的渗漏问题。但是,该工法需要使用特殊喷涂(筑)法的管片和内衬材料,成本较高,而且对管道的材质和尺寸有一定的要求。因此,该工法适用于管道渗漏较轻、维修成本较低的情况[45]。

(2) 不锈钢管片内衬法

不锈钢管片内衬法是将不锈钢管片在管道或检查井内通过焊接连接形成内衬,并对内衬与原管或井壁之间的空隙进行填充的修复工法,是修复严重腐蚀管道的上佳选择。该工法适用于修复管径 DN1 200 及以上的各类材质、各种断面的排水管道,也可修复检查井,但不可带水修复。其施工工艺流程见图4-10。

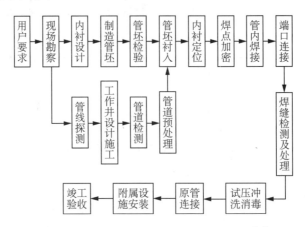

图4-10　不锈钢管片内衬法施工工艺流程[46]

（3）短管内衬法

短管内衬法包括不贴壁短管法和贴壁短管法。不贴壁短管法是采用顶推、牵拉的方式将预制的塑料管放入原有的排水管道形成一层内衬,并对内衬与原管或井壁之间的空隙进行填充的修复工法。贴壁短管法是采用HDPE片状型材在原有管道或检查井内通过焊接形成内衬的修复工法。短管内衬法可带水修复,适用于管径DN800～3 000的各类材质、各种断面排水管道修复,也可修复检查井。经过该工法修复的管道,结构性能得到提高,使用寿命延长,但损失断面较大,因此逐渐被新工艺取代。该工法施工工艺流程一般为生产内衬管→运输至现场→旧管内抽水通风→旧管内清淤→高压水枪冲洗清理并封堵渗漏点→管周土体注浆→井口入管→热熔密封连接→管缝隙注浆→封堵两端口→检测与验收[47]。

（4）螺旋缠绕内衬法

螺旋缠绕内衬法是将带状型材置入原有管道,通过螺旋缠绕方式形成连续内衬,并对内衬与原管之间的空隙进行填充的修复工法,可用于修复管径为DN300～4 000的各种材质、各种断面的排水管道,施工工艺流程如图4-11所示。该工法可在通水的情况下作业（30％以下）,占地面积小,适用于长距离管道修复,修复后的管道内壁光滑,可提高管道输送能力。螺旋管内衬施工可随时中断,具有施工方便、迅速、效果良好等特性。在实际工程中,该工法所用型材应为带状型材,其拉伸轻度应大于15 MPa,断裂伸长率大于40％,弹性模量大于2 000 MPa,弯曲强度大于58 MPa。

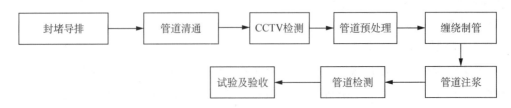

图4-11　螺旋缠绕内衬法施工工艺流程

3. 喷涂(筑)法

排水管道喷涂(筑)法是指使用喷涂法对排水管道进行修复和防护的方法。其优点是应用范围广、适应性强、涂层均匀、涂料利用率高、对人体无害、成本低、无污染等；其缺点是对管道材质和尺寸有一定的要求,需要选择适合的涂料,并且需要遵守相关的安全规定。排水管道喷涂(筑)法的应用范围非常广泛,可以用于各种管径和管段长度的排水管道修复和防护。在排水管道修复方面,喷涂(筑)法可以用于修复渗漏、裂缝、错位等问题,可以有效地提高排水管道的使用寿命和安全性。在排水管道防护方面,喷涂(筑)法可以用于防护污水、雨水等外界因素对排水管道的腐蚀和损伤,有效延长排水管道的使用寿命,提升安全性。常用的喷涂(筑)法有无机防腐砂浆喷涂法、水泥基材料喷筑法、聚合物基材料喷涂法与水泥基聚合物模筑法。

(1) 无机防腐砂浆喷涂法

无机防腐砂浆喷涂法是通过离心或人工方式,将无机防腐砂浆喷涂至管壁后固化形成内衬的修复工法,可用于修复管径 DN300 及以上的混凝土、钢筋混凝土和钢管材质的各种断面排水管道,并可修复检查井。

(2) 水泥基材料喷筑法

水泥基材料喷筑法是通过离心或压力喷射方式,将修复用水泥基材料均匀覆盖在待修复管道设施内表面以形成一定厚度内衬的修复工法,可用于管径 DN300 及以上的混凝土、钢筋混凝土和钢管材质的各种断面排水管道修复,也可修复检查井。

(3) 聚合物基材料喷涂法

聚合物基材料喷涂法是通过离心或压力喷射方式,将聚合物基材料均匀覆盖在待修复管道设施内表面而形成内衬的修复工法,适用于管径 DN800 及以上的混凝土、钢筋混凝土和钢管材质的各种断面排水管道修复,也可修复检查井。

(4) 水泥基聚合物模筑法

水泥基聚合物模筑法采用高压泵送工艺,将聚合物改性水泥基流态防腐材料压注到密闭模腔内,需要时在腔内设置钢筋网片,固化后拆模,形成光滑实体结构,达到对原有管涵的结构加固,适用于修复管径大于 DN1 300 的混凝土、钢筋混凝土管,也可修复检查井。

4. 碎裂管法

排水管道碎裂管法(图 4-12)是一种采用碎裂管设备从内部破碎或割裂原有管道,将原有管道碎片挤入周围土体形成管孔,并同步拉入新管道的管道更新方法。该方法根据动力源可分为静拉碎裂管法和

图 4-12 碎裂管法示意

气动碎管法两种工艺。静拉碎裂管法在静力的作用下使原有管道破碎或通过切割刀具切开原有管道,再用膨胀头将其扩大。气动碎管法是靠气动冲击锤产生的冲击力作用使原有管道破碎。排水管道碎裂管法一般用于等管径管道更换或增大直径管道更换。在实际工程中,碎裂管法最大可更换3倍于原管径的管道,但施工过程需要更大的回拖力,可能出现大的地表隆起。

因此,在采用排水管道碎裂管法进行施工时,需要根据具体情况选择合适的施工工艺和设备,并严格按照相关规定进行操作,以保证工程的质量和安全。

该方法的优点是施工速度快、效率高,具有价格优势,对环境更加有利,对地面干扰少。碎裂管法的局限包括:需要开挖地面进行支管连接;需对局部塌陷进行开挖施工以穿插牵拉绳索或拉杆;需对进行过点状修复的位置进行处理;对于严重错位的原有管道,新管道也将产生严重错位现象;需要开挖起始工作坑和接收工作坑。

5. 整体修复工艺方法比选

针对适用整体修复的缺陷管道,可根据不同缺陷类型及其管径等因素指标,确定适用的整体修复方法。

以"破裂、脱节"为例,当管径≤1 400 mm时,可选用紫外光原位固化法、螺旋缠绕内衬法、原位热塑成型法与喷涂(筑)法;当管径>1 400 mm时,可选用螺旋缠绕内衬法与喷涂(筑)法。针对"错口",可同时考虑管径与管长。当管径≤600 mm且管长≤100 m时,可采用碎裂管法;当管径>600 mm且管长>100 m时,紫外光原位固化法与原位热塑成型法更加适合。但由于紫外光固化后褶皱较多,所以原位热塑成型法效果更好。对于"变形、渗漏",当管径≤1 200 mm时,可采用紫外光原位固化法;当管径>1 200 mm时,螺旋缠绕内衬法与喷涂法更加适用。"腐蚀"一般主要发生在混凝土类管道,表现为表面粗糙,骨料、钢筋外露,一般为整体缺陷,因此,当管径≤800 mm时,可采用热塑成型法。使用热塑成型法修复后的管壁平整光滑、过流顺畅。当管径>800 mm时,喷涂(筑)法更有优势。

管道整体修复工艺应用评估见表4-3,其适用条件见表4-4。

表4-3 管道整体修复工艺应用评估

修复指数 RI	缺陷密度 S_M	修复建议
$1 < RI \leq 4$	$0.1 \leq S_M \leq 0.5$	整体修复
	$S_M > 0.5$	
$4 < RI \leq 7$	$0.1 \leq S_M \leq 0.5$	整体修复
	$S_M > 0.5$	
$RI > 7$	$S_M \leq 0.5$	整体修复

表 4-4 管道整体修复工艺适用条件

大类名称	工法名称	适用管径 DN(mm)	适用材质	适用缺陷	适用断面形式	内衬管材质	工作坑要求	注浆需求	最大允许转角	是否可带水修复
原位固化法	热水原位固化法	300~800	各类材质	破裂、渗漏、腐蚀、变形、错位、脱节	圆形、蛋形、矩形管道；检查井	聚酯纤维毡、树脂	不需要	不需要	45°	不可
	紫外光原位固化法	300~1 500	各类材质		圆形、蛋形、矩形管道；贴片法可用于整治检查井	玻璃纤维、树脂	不需要	不需要	45°	不可
	原位热塑成型法	300~1 200	各类材质		圆形、蛋形、矩形管道	热塑聚合物树脂	不需要	不需要	60°	不可
现场制管法	管片拼装内衬法	800~4 000	各类材质		圆形、蛋形、矩形、马蹄形管道；检查井	PVC	不需要	需要	15°	可
	不锈钢管片内衬法	≥1 200	各类材质	破裂、渗漏、腐蚀、变形、错位、脱节	圆形管道；检查井	不锈钢	不需要	需要	15°	不可
	短管内衬法	800~3 000	各类材质		圆形、矩形管道；检查井	PE管，HDPE管	需要	需要	—	可
	螺旋缠绕内衬法	300~4 000	各类材质		圆形、矩形、异形管道	PVC-U 带状型材	不需要	需要	15°	可
喷涂(筑)法	无机防腐砂浆喷涂法	≥300	混凝土、混凝土钢筋		圆形、蛋形、矩形管道；检查井	铝酸盐无机防腐砂浆	不需要	不需要	—	不可
	水泥基材料喷筑法	≥300	混凝土、混凝土钢筋	破裂、渗漏、腐蚀、变形、错位、脱节	圆形、蛋形、矩形管道；检查井	硅酸盐无机防腐砂浆	不需要	不需要	—	不可
	聚合物基材料喷涂法	≥800	混凝土、混凝土钢筋、金属管		圆形、蛋形、矩形管道；检查井	聚合物基（含聚氨酯、改性聚脲）	不需要	不需要	—	不可
	水泥基聚合物模筑法	≥1 300	混凝土、混凝土钢筋混凝土管		圆形、蛋形、矩形管道；检查井	聚合物改性水泥基流态防腐材料	不需要	不需要	—	不可
	碎裂管法	300~600	塑料管、混凝土管、陶土管	破裂、渗漏、腐蚀、变形、脱节	圆形管道（管道更新）	PE 管、球墨铸铁管	一般不需要	不需要	7°	可

4.2.2 局部修复工艺

局部修复工艺是对排水管道局部的破裂、变形、渗漏、错口和脱节等缺陷进行维修的方法,主要包括点状原位固化法、不锈钢双胀环法和不锈钢快速锁法。当管道存在破裂、脱节缺陷且管径≤800 mm 时,可选用点状原位固化法与不锈钢快速锁法;管径>800 mm 时,不锈钢双胀环法更加适用。当存在错口、变形、渗漏等缺陷时,选取适用的局部修复技术。

1. 点状原位固化法

点状原位固化法是将经树脂浸透后的织物缠绕在修复气囊上,拉入管道待修复部位,修复气囊充气膨胀后使树脂织物压粘于管道上保持压力,待树脂固化后形成内衬筒的管道局部修复方法,又称点状 CIPP 法(图 4-13)。该方法适用于 DN300~1 200 的各种材质排水管道的局部修复,不可带水作业。

图 4-13 点状原位固化法示意

2. 不锈钢双胀环法

不锈钢双胀环法是以不锈钢胀环和止水橡胶条为主要修复材料,在管道接口或缺陷部位安装止水胶带,再用两道不锈钢胀环固定的管道局部修复方法(图 4-14),适用于大于 DN800 的各种材质排水管道的局部修复,可带水作业。

图 4-14 不锈钢双胀环法示意

3. 不锈钢快速锁法

不锈钢快速锁法是以不锈钢套筒、橡胶套和锁紧机构为主要修复材料,在管道接口或缺陷部位将不锈钢套筒通过修复气囊或人工方式扩张后,再将橡胶套用锁紧机构固定的管道局部修复方法,适用于 DN300～1 800 的各种材质排水管道的局部修复。其中,气囊可用于 DN300～600 的管道,人工安装可用于 DN800～1 800 的管道,一般可带水作业。

4.2.3 其他修复工艺

除了上述整体修复工艺和局部修复工艺外,工程中常用的管道更新方法还包括管道泥水平衡顶管和微型顶管二次工法等。

1. 管道泥水平衡顶管

顶管一般分为泥水平衡顶管、土压平衡、气压平衡和岩石顶管等方式。一般泥水平衡顶管较常见。泥水平衡顶管用含有一定量黏土和一定相对密度的泥浆水充满掘进机的泥水仓,并对它施加一定的压力来平衡地下水压力和土压力,掘进机在液压千斤顶的作用下实现掘进,使掘进机及紧随其后的套管穿越土层,达到预先设计的位置。

管道泥水平衡顶管是一种以全断面切削土体,以泥水压力来平衡土压力和地下水压力,又以泥水作为输送弃土介质的机械自动化技术。它可以在不停止挖掘的情况下,将土体推出洞外,并能在泥水平衡的条件下,将弃土和泥水一起顶出洞外,减少对地面的扰动,减少工程量,降低造价,缩短工期,保护环境(图 4-15)。

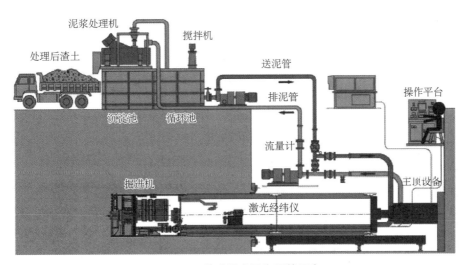

图 4-15 管道泥水平衡顶管示意

该工艺的优点是可适用的地质条件多,在典型的地下高水压力、地质变化范围大等工况下都能较好地应用;可使挖掘面保持稳定,对周围的土体扰动比较小,发生地面沉降的可能性比较小;与其他方法相比,泥水顶管的切削力矩小,尤其适用于砂砾及硬土里顶管;工作坑内的作业环境较好,作业比较安全,由于它采用泥水输送弃土,没有搬运土方及吊土等较易发生危险的作业。其缺点是辅助设备和泥水处理设备庞大、复杂、占地大,水和电能的消耗较高,施工成本也高;水处理设备会产生振动和较大的噪声;一旦顶管机前遇到障碍物,处理起来比较困难。另外,在地下水压力很高、地质变化范围大的土质条件下施工时,需要采用特殊的设备和方法,施工技术要求高,施工风险较大。

2. 微型顶管二次工法

微型顶管二次工法起源于德国。其技术原理是利用液压装置将前导管按照设计轨迹推进贯通,然后安装出土螺旋管,在出土螺旋管末端连接切削机头并将拟铺设的管道同时顶进,完成管道铺设。具体施工工艺为:现场勘测→开挖工作坑→安装钢桶后靠背→架设机台→安装激光经纬仪→顶进先导管→黑管及出土螺旋管安装→安装切削机头→凝土管顶进(图4-16)。

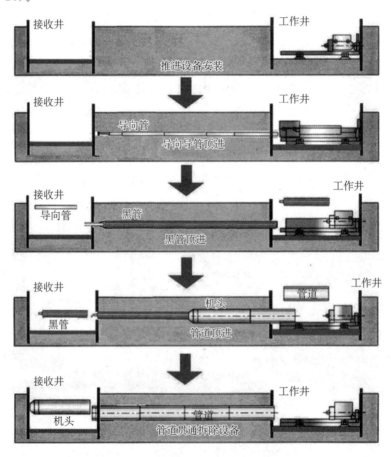

图4-16　微型顶管二次工法工艺示意

微型顶管二次工法有以下四个特点。

（1）施工占地小，工作坑结构形式灵活

顶管工作坑可布置为圆形或方形，工作坑内空尺寸 4 m×4 m 即满足顶管要求。在条件受限情况下也可采用直径 3 m 的工作坑，其施工占地面积约为 4 m×15 m，相比传统顶管工艺占地减少一半以上。工作坑支护形式可采用倒挂井壁锚喷结构、沉井结构、沉管结构、钢板桩结构以及旋支护结构等，因地制宜，灵活多变。

（2）施工速度快，施工精度高

折算每台班顶进速度为 10～15 m/d，每井段施工在 5 d 左右，施工速度较快。由于导向杆钻头为斜面，斜面背后有测量标靶，通过工作坑内的激光经纬仪观察钻头中心的光源镜面标记，扭力转动控制箭头方向，使得激光点始终照射到光靶中心，可时时调整。故管道施工精度较高，每井段轴线及高程偏差控制为±2 cm。

（3）施工沉降小

顶导向杆及钢套管全部采用挤扩顶进，顶管机头外经与污水管道同径，不存在超挖，故顶管施工后沉降趋向零，施工沉降非常小。

（4）施工污染小

顶管过程不采用泥浆，顶管完成也不需要泥浆置换等，故施工过程中污染小，利于环保。

4.3 开挖、非开挖修复技术比选

我国排水管道管径、管形、管材、埋深、管道缺陷多样，管道所处区域地质条件、交通环境也差异明显。因此，病害管道应因地制宜选择合适的修复技术。排水管道的基本情况调查与病害检测是确定修复技术的前提。同时，还应综合考虑施工要求、修复周期、管道功能、经济成本等因素。

4.3.1 排水管道勘查与病害检测

排水管道的基本信息直接关系到管道病害检测技术的选择，以及最终修复技术的确定。一般须对表4-5中的项目进行勘查。

如4.2节所述，管道病害可通过传统方法、CCTV、声呐、QV 等技术检测结构性与功能性缺陷。根据检测结果，采用修复指数与养护指数对管道进行评估，进而确定管道如何修复。

表 4-5 排水管道基本情况的调查项目

信息分类	项目
基本信息	竣工时间
	原来施工方法
	管径及埋深
	管材及接口形式
	地质情况
	设计流量
	现状流量
其他信息	管道周围情况和道路情况
	排水设施低位
维护信息	管道养护情况

4.3.2 比选流程

1. 开挖与非开挖修复技术的比选

当前,开挖修复技术流程较为成熟、施工过程相对简便,特别是对工作人员施工技术要求较低。因此,开挖修复技术仍是当前城镇排水管道修复的主要方式。然而,该技术施工时占据道路,严重影响交通和城市美观。因此,选用该技术时应综合考虑开挖修复施工环境、排水管道结构性缺陷程度、经济成本等因素。一般管道修复等级为Ⅲ、Ⅳ时,可采用开挖修复,适用于等级较低的道路,新建道路或道路翻挖修复,管道埋深较浅、管径较小的排水管道[48]。对于结构性损坏较为严重、采用非开挖修复技术不能满足修复要求的管道,宜采取开挖修复。此外,针对检查井之间损坏严重的排水管道,或在污水汇集在道路低点处而导致的污水无出路的管道段,宜采用开挖修复技术。单一严重结构性缺陷(如 4级变形、4 级破裂等)的排水管道,须作技术经济比较后确定采用开挖或非开挖修复技术。开挖、非开挖修复技术比选流程见图 4-17。

2. 非开挖修复技术的工法比选

鉴于开挖修复技术对城市的不利影响,排水管道修复优先采用非开挖修复技术,尤其是埋设于交通繁忙、环境复杂、施工空间受限等区域的排水管道。非开挖修复技术须综合考虑结构性缺陷严重性、非开挖修复的条件,修复后不降低原设计能力,现场条件符合非开挖要求,修复技术整体具有经济优越性。针对非开挖修复技术工法众多导致的选择难问题,本节梳理了各项工法的特点与使用条件,提出了三步式非开挖修复技术工法比选流

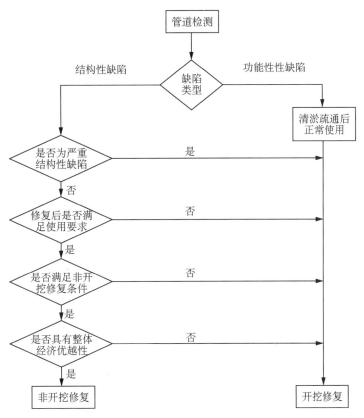

图 4-17 开挖、非开挖修复技术比选流程

程,可为非开挖修复实际工程中工法选择提供支撑(图 4-18)。该比选流程首先基于管道勘查与评估进行技术初选,然后根据施工要求进一步精选相应方法,最终通过成本比较确定最优修复方法。

第一步:技术初选。主要是通过调查待修复管道的竣工时间、原施工方法、管径及埋深、管材及接口形式、地质情况、设计流量、现状流量、管道周围情况和道路情况等基本信息,检测待修复管道的缺陷类型,评估管道缺陷等级,进而根据管道具体病害筛选出适用的修复方法。原位固化法、现场制管法与局部修复工艺适用于各类材质管道;原位热塑成型法可适用的管道转角最大。

第二步:技术精选。主要是基于"是否可带水修复""是否有工作坑需求""是否有截面损失控制要求""是否有时间修复要求"四方面的施工要求,对通过技术初选的修复工法进一步筛选。目前,原位固化法、喷涂(筑)法、不锈钢管片内衬法与点状原位固化法不可带水修复。短管内衬法需要开挖工作坑。现场制管法有注浆需求。碎裂管法与喷涂(筑)法对截面损失无影响。在整体修复工艺中,碎裂管法修复时间较长。点状原位固化法在局部修复工艺中修复时间较长。

第三步:技术优选。通过技术初选和技术精选筛选出适用方法,再对其经济成本进行

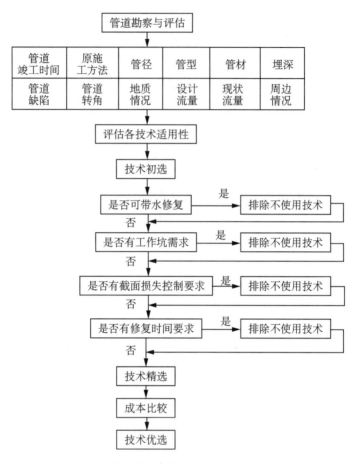

图 4-18 非开挖修复技术的多种方法比选流程

对比分析，进而确定最优修复方法。当前，常用非开挖修复方法的材料成本、施工成本、综合成本[49]如表 4-6 所示。不同非开挖修复方法因技术原理和工艺的差异，其采用的内衬管材质差异明显。所用内衬管材质不同，成本也不同，其中碎裂管法所需材料成本较高。

表 4-6 常用非开挖修复方法综合成本比较

成本类型	整体修复工艺	局部修复工艺
材料成本	碎裂管法＞螺旋缠绕内衬法＞原位固化法＞其他现场制管法	不锈钢双胀环法、不锈钢快速锁法＞点状原位固化法
施工成本	碎裂管法＞原位固化法＞螺旋缠绕内衬法＞其他现场制管法	点状原位固化法＞不锈钢双胀环法、不锈钢快速锁法
综合成本	碎裂管法＞原位固化法＞螺旋缠绕内衬法＞其他现场制管法	点状原位固化法＞不锈钢双胀环法、不锈钢快速锁法

施工成本主要取决于待修复管道的管径、病害类型、修复长度以及具体修复工艺的工作量。一般管径越大、作业流程越多、工程量越大、施工难度越大、技术要求越高的管道，

施工成本越高[49]。碎裂管法需要碎裂原管道,故施工成本高;原位固化法不可带水修复,导致其施工成本较高。不锈钢双胀环法与不锈钢快速锁法与点状原位固化法相比,对表面清洁程度要求较低,所需操作设备和作业流程相对简单,施工成本相对较低。

常用非开挖修复技术的特点见表 4-7。

表 4-7　常用非开挖修复方法特点

名称		工法名称	截面损失	修复时长排序
整体修复工艺	原位固化法	热水原位固化法	<5%	碎裂管法>原位固化法>现场制管法
		紫外光原位固化法		
		原位热塑成型法		
	现场制管法	管片拼装内衬法	15%~25%	
		不锈钢管片内衬法		
		短管内衬法		
		螺旋缠绕内衬法		
	喷涂(筑)法	无机防腐砂浆喷涂法	无	
		水泥基材料喷筑法		
		聚合物基材料喷涂法		
		水泥基聚合物模筑法		
	碎裂管法		无	
局部修复工艺		点状原位固化法	<5%	点状原位固化法>不锈钢双胀环法、不锈钢快速锁法
		不锈钢双胀环法	5%~10%	
		不锈钢快速锁法	5%~10%	

综上,对于管道修复,非开挖修复应优先于开挖修复。但如果结构性损坏较为严重,采用非开挖修复技术不能满足修复要求的管道应采取开挖修复。非开挖修复可采用技术初选、精选、优选比选流程来确定最佳非开挖修复技术。

第5章

智慧管网——管网智慧化管控

《城镇污水处理提质增效三年行动方案（2019—2021年）》中强调，"建立市政排水管网地理信息系统（GIS）"。2021年，《关于加强城市内涝治理的实施意见》中提出"加强智慧平台建设"；同年，《室外排水设计标准》（GB 50014—2021）中新增了信息化、智能化等智慧排水系统的内容。

排水行业的传统管理方式存在管理手段较单一、运营技术有待更新、信息基础设施建设不足、自动化程度不高以及系统联调能力较弱等一系列问题。对城市排水系统管理而言，通过信息化管理手段可以实现对运维单位的远程监控、生产调度、数据挖掘、信息统计等，使排水业务管理由分散转向集中，由粗放转向精细化和信息化，大幅提高核心竞争力。在排水管理领域，通过大数据、物联网、GIS技术的综合应用，可实现对排水与污水处理信息的实时掌控，能有效解决监管不及时的问题，对突发情况能及时作出处置。

本章重点从物联感知体系建设方案、三维模型方案和数值模型方案对排水系统智慧化设计思路、实施方式进行初步探索。

5.1 物联感知体系建设方案

5.1.1 目标

建成一套性能稳定、操作方便、功能完善、切合实际、覆盖全面的排水管网监测系统，实现对城区的重点排水户、重要雨污水管网节点、排口、重要断面、污水处理厂及泵站等实时在线监测，动态掌握全年度排水设施、水利设施的水质、水位、流量、视频等数据，为科学预警、数值模拟提供数据支撑。

5.1.2 布点原则

1. 总体布设原则

（1）全覆盖：监测站点的服务范围要覆盖全部污水排水管网，做到不漏测、不少测。

（2）干线优先：监测站点的布设从管网的源头开始，首先沿着污水排水管网干线的排水走向在关键节点进行布点。

（3）干、支线相结合：干线监测站点布设完毕后，结合实际需要进行不同级别支线监测站点布设。支线上的监测站点也遵循级别高的支线优先布设的原则。

（4）重点区域管线优先：在支线监测站点布设中，优先布设需要重点监测的区域，如重点工业企业、大型公共服务设施等区域。

（5）均匀布设：在支线监测站点布设中，居民生活区域布设均匀且稀疏得当。

（6）结合实际：在以上监测站点布设中，结合全区排水管网水位、流量、水质实际情况，做到疏密有致、重点突出。

当遇到流砂易发、湿陷性土等特殊地区的管道，管龄 30 年以上的管道，重要管道，高地下水位地区的管道以及冒溢点时，可加密布设监测站点。

2. 流量监测点布设原则

（1）各类提升泵站处应布设流量监测点。

（2）污水系统主干管宜布设流量监测点。

（3）重点排水户出口处污水管内布设流量监测点。

（4）污水处理厂进出水处宜布设流量监测点。

（5）对于淹没出流的雨水排口，可布设流量监测点。

3. 液位监测点布设原则

液位监测应主要针对排水管网、泵站、截流井、排口、积水点、冒溢点等布设。

（1）宜布设在污水干管接入主干管的检查井、与主干管交汇的检查井。

（2）对污水系统进行分区，在各分区出口处布设。

（3）宜对污水泵站进行液位监测。

（4）布设在污水系统高位溢流和冒溢点，对高位溢流和冒溢情况进行预报、告警。

（5）污水截流系统布设监测点，监测上下游水位变化。

（6）在沿河雨水排口宜布设监测点。

（7）在低洼地区、下穿立交等易积水和易冒溢区域的检查井宜布设监测点。

4. 水质监测点布设原则

（1）宜在分区流域污水干管汇入污水处理厂主干管布设水质监测点，监测指标宜选择氨氮、COD。若两项指标出现异常，则自动留样。

（2）提升泵站、错乱接严重的住宅小区或单位排放口宜布设水质监测点，监测指标宜选择氨氮、COD；若两项指标出现异常，则自动留样。

（3）在污水系统关键节点处布设水质监测点，监测指标宜选择氨氮、COD。

（4）宜布设在明渠、暗渠交界处及校核参考点等关键断面处，监测指标宜根据断面水质考核标准确定。

5. 视频监控点布设原则

（1）充分利用现场已有的设备、供电、网络条件，不重复建设。

（2）布设于重点雨水排口等关键位置。

（3）重要设施监测点选址不应影响建设设施的美观，同时考虑监测区域的合理性。

（4）其他有视频监控需求的位置根据实际情况进行扩展建设。

5.1.3 布点方案

1. 流量监测

依据布点原则及排水系统现状，流量监测主要布置在以下几个位置。

（1）污水泵站流量计布设在污水泵站进水处，主要用于监测各泵站分区污水量情况。

（2）排水户流量计布设在试点一级排水户出水的接驳井处，主要用于监测源头污水量情况。针对面积大、排水多的合流制小区、排水量大的分流制小区及企事业单位，采用轮换监测的方式，按照分流制小区、合流制小区、工业企业、商业区、公共机构、工地等类型，分别布设流量计进行监测，轮换次数根据运维和模型率定验证的需求灵活选择。

（3）污水分区流量计在各污水分区出口的污水主干管上布设流量监测点，主要用于监测各污水分区污水量。

（4）污水处理厂流量计主要用于监测污水处理厂进水流量。

（5）污水干管接入污水主干管前、污水主干管接入污水处理厂前应设置流量监测点，按照现状污水管网情况布设，具体需要根据最新普查数据确定。

2. 液位监测

依据布点原则及排水系统现状，液位计主要布置在以下几个位置。

（1）污水分区液位计布设在主干管、干管接入主干管交汇处，基于分区流量计布设（流量计可监测液位）。

（2）冒溢点液位计根据区域内冒溢点数据进行布设。

（3）污水泵站液位计宜布设在泵站前池及出水管下游检查井，根据污水泵站数量布设。

（4）截流系统液位计布设在截流井内。

（5）根据具体排口数量，排口液位计布设在服务范围较大的排口比较合理，可根据实际情况进行加密或调整。

（6）积水点液位计布设在积水风险点地面高程最低的检查井内。

3. 水质监测

根据布点原则及排水系统现状，水质监测站应布置在如下位置。

（1）污水泵站水质站布设在污水泵站前池，主要用于监测各泵站分区污水水质情况。

（2）污水处理厂水质站布设在入污水处理厂前干管，用于监测污水处理厂负荷。

（3）根据排水户的性质，排水户水质站按照分流制小区、合流制小区、工业企业、商业区、公共机构、工地等类型进行轮换监测，以了解不同类型排水户出水水质情况及其对排水系统的影响。

（4）河道水质站布设在河流起（终）点、关键断面及湖泊关键点，以了解河道、湖泊实时水质情况。

4. 视频监控

依据视频监控点布设原则，视频监控宜布设在重要排口处。

5. 电子水尺监测

考虑到积水风险点的监测，电子水尺与液位计结合能有效监测积水风险点管道中的液位及积水后地面上的水位，及时告警，减少抢险反应时间和损失。

5.1.4 设备选型要求

1. 通用技术参数

（1）操作语言

感知设备和控制单元所有中文显示符合《信息交换用汉字编码字符集》（GB/T 2312—1980）。

（2）水质站试剂供应

水质站试剂应符合以下要求：

① 仪器所需试剂贮存于专用试剂瓶中，试剂保质期不低于 1 周；

② 仪器使用的实验用水、试剂、标准溶液均达到《分析实验室用水规格和试验方法》（GB/T 6682—2008）的质量保证要求。

（3）通信协议

所有设备均符合传输协议要求，将所有监测数据传输至指定的平台，包括仪器的实时状态、关键参数和监测数据等；能向用户提供所有仪器的底层通信协议。

设备高度集成、可移动，可整体转移至新的监测地点。

（4）监测设备基本功能

① 所有设备具有零点校准功能，水质站水质分析仪具有标样核查、标样校准等功能；

② 具有异常信息记录、上传功能，如零部件故障、超量程报警、超标报警等信息；

③ 具有仪器状态（如测量、空闲、故障等）显示；

④ 具有通用标准通信接口。

2. 流量计

管网流量计应具备多种复合式技术的传感器,包括峰值速度复合传感器、面速度复合传感器以及超声波液位传感器,可应用于生活污水、合流污水以及雨水管网开放式沟渠的流量监测,并且须通过本安(Intrinsic Safety,IS)防爆认证。流量计选型应符合以下要求。

① 环境要求:能适应管道内腐蚀性、高湿环境以及沉积物杂质对探头灵敏度的影响。

② 适应能力:排水管网内水力状况复杂,常出现紊流、逆流的状况。流量计需测量出逆向流速,且能够记录错误信息并发送报警。

③ 续航能力:排水管网监测需要仪器在管网内长时间持续运行,需要电池仪器有较大的电池容量。

④ 精度要求:精度误差为±5%,保证数据的准确性。

⑤ 测量量程:需要适应各种管径以及排水管网内流速变化,流量计要有很宽的测量范围。

⑥ 安装方便、操作简便,便于日常管理与维护。

3. 液位计

排水管道内部环境严酷,水流条件多变,对管道监测设备有较为严格的使用要求,其适用性可从多方面进行评估。管网内的液位在线监测设备选型的总体要求如下。

① 性能质量:防水、防腐蚀、防爆,坚固耐用,可长期稳定运行;

② 抗干扰能力:能够抵抗水中杂质的干扰;

③ 量程:量程范围要宽;

④ 精度:测量精度高;

⑤ 安装的难易程度:由于排水管道空间狭小,可供安装的地点主要是各种井,故须监测设备对安装空间的要求低,且易于固定;

⑥ 使用成本:除了设备本身价格外,还需考虑安装成本、耗材成本和保养维修成本等。

4. 水质站

安装水质站的主要目的是监测重点排水户、排口、泵站、河道关键断面等的相关水质指标,并需要配置固定式分采自动水质采样器,对超标水源进行留样,方便监管部门工作。水质站选型的总体要求如下:

① 系统体积小、功能强、投入少,适用于不同水体的长期连续在线监测;

② 长期稳定、维护量小,其整体成本较低;

③ 连续、及时、准确地监测目标水域的水质及其变化状况;

④ 可通过蜂窝窄带物联网(NB-IoT)无线通信方式接入 IoT 平台,实现远程监控数

据,随时随地获得真实的监测数据。

5. 视频监控

视频监控主要布设在排口、积水点处,前者为了实时监控排口排水情况,监测是否有晴天排水情况;后者为监测降雨时积水情况,为防汛调度提供现场情况。视频监控的主要要求为画面清晰、数据传输快、延迟低等。

6. 电子水尺

电子水尺运用了检索式数字水位采集系统,实现信号采样、处理、传输的全数字化,在温度变化范围大、含有泥沙、污物和腐蚀性等复杂水质环境下也能精确测量。主流的路面水位监测设备可一体化多段检索式,如低水位、高水位、超高水位多级阈值报警。

5.1.5　物联网数据采集方案

项目液位计、流量计、水质监测站、水位计、电子水尺等可租用运营商专用物联网卡进行数据传输,物联网可支持多种无线通信方式。通过在物联网感知平台部署数据采集专用软件,可实现与现地工控机通信及数据采集。

视频数据采集通过租用运营商 VPN 专线实现点对点数据传输,现地视频数据先传输至运营商现地中心机房,再通过政务外网专线将数据传输至区视频管理平台。

5.2　三维模型方案

5.2.1　目标

利用三维可视化和虚拟现实技术,开展地下管网三维模型重建,直观再现地下管网间纵横交错、上下起伏的空间位置关系,解决传统二维管网空间关系不明晰、显示效果不直观等问题,实现"设施可视化"。建设二维、三维一体化展示系统,与智慧水务平台融合,为辅助地下管网、水务设施管理、三维可视化分析等应用,合理高效地进行管网运维、水务设施养护,为管网与设施安全提供有效的技术支撑。

5.2.2　技术方案

项目以 BIM+GIS 技术为依托,进行项目范围内管网三维模型和泵站 BIM 模型的创建和整合。建模软件选用市面上比较成熟的产品。例如,管网三维模型创建采用 SuperMap 二、三维一体化 GIS 平台,泵站三维模型采用 Bentley 软件产品,以满足展示、查询、维护的总体需求。具体技术方案如图 5-1 所示。

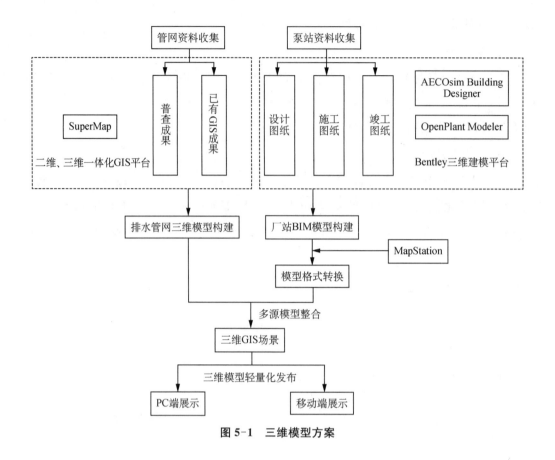

图 5-1　三维模型方案

5.2.3　内容

项目二维、三维一体化 GIS 平台建设内容包括排水管网三维模型构建、厂站 BIM 模型构建、模型轻量化发布等。

1. 排水管网三维模型构建

（1）数据来源

利用二维管网普查数据，根据各类管网点和管网段的特点，采用不同方式，通过空间、属性和材质信息映射，实时驱动生成地下管网三维模型。建模内容包括供排水管网和检查井、雨篦、出水口、进水口、预留口、化粪池等各类附属设施。模型创建完成后，需要进行模型的合理性检查、碰撞检查和模型会审，最终得到满足运营和维护条件的管网三维模型。

（2）建模流程

① 数据标准化处理。

利用收集到的各种数据资料，生成标准的管点、管线库文件。确保管点具有唯一编号、管点 X 坐标、管点 Y 坐标和管点地面高程四个必要属性；管线具有管线起始点编号、管线终点编号、管线起始点高程和管线终点高程四个必要属性。

② 数据建模。

针对形态规则且结构单一的管网段,通过二维管网段的定位、管径和材质信息映射,实时绘制三维管网段;针对形态不规则但可复用的管网点,通过预先建立高精度的三维模型构件库,经过二维管网点的定位、定向和类型信息映射,实时生成三维管网点;针对形态规则但不可复用的管网点,经过二维管网点的定位、定向、管径和材质信息映射,分别建立主管和支管模型,通过 OpenGL 布尔运算,并集剖切连接,形成完整的实体模型。

③ 模型检查,包括完整性、合理性和碰撞检查。

完整性检查包括批量建模后的模型是否存在创建失败或遗漏等情况,是否存在孤立的管点、管线,以及开展管网整体拓扑一致性、完整性检查。合理性检查包括管点与管网的位置关系检查、附属设施模型大小合理性检查。碰撞检查指供排水各类管线是否存在碰撞。

④ 模型完善。根据模型检查结果逐一对模型进行完善。

⑤ 模型会审和固化。

⑥ 模型归档及提交。

(3) 建模要求

① 建模深度要求:管网三维建模以满足三维可视化展示和运维管理需求为出发点,模型的几何精度与提供的普查数据精度保持一致,模型的属性应尽量继承普查成果中已有的属性信息。管点三维模型的平面坐标、地面高程、管底高程应正确表示,管线三维模型的管径、管线起点高程、管线终点高程应正确表示。

② 图层管理要求:图层管理参照管线普查采用的国家、行业标准进行图层定制。

③ 颜色管理要求:颜色管理参照管线普查采用的国家、行业标准进行颜色定制。

2. 厂站 BIM 模型构建

(1) 数据来源

收集污水处理厂、泵站相关的各类图纸,包括设计、施工、竣工图纸,采用主流 BIM 建模软件完成污水处理厂及泵站三维模型构建,建模深度为 GL500。

(2) 建模流程

厂站 BIM 模型建模按照分专业、逐步深化模式,具体流程如下:

① 结构、建筑厂房专业先建模,以确立建筑物结构框架和主要布置格局为原则。板梁、楼梯等细部结构可先粗略建模,后逐步细化。

② 供水工艺、电气、自控、建筑给排水等专业在建筑物框架基础上进行专业设备的建模。建模遵循"先设备、后管路"的原则。同时,结构、建筑专业进行模型细化。

③ 三维模型会审,对模型进行完整性、合理性以及碰撞检查。项目会审前,各专业的三维模型均应完成"专业三维模型确认"流程。碰撞检查可以分为项目级碰撞检查和专业

级碰撞检查。在项目级碰撞检查前,各专业应先完成碰撞检查工作,保证本专业的三维模型无碰撞。

④ 模型完善。根据会审结果分专业进行模型完善。

⑤ 模型固化。

⑥ 模型归档及提交。

(3)建模要求

① 建模环境要求:重要构筑物三维建模涉及多个专业,为保证模型数据的一致性,为后期模型的整合和深入应用创造条件,需要设置统一的建模环境。

② 建模深度要求:各专业工程对象单元设计深度由几何图形深度等级和属性信息深度等级组成。工程对象单元的几何图形深度分为 CL100、CL200、CL300、CL400 和 CL500 五个等级。属性信息深度分为 DL100、DL200、DL300、DL400 和 DL500 五个等级。项目涉及的建筑、给排水、暖通、电气的各专业均采用 CL500 和 DL500 建模深度。

CL500 等级:工程对象单元表达内容与工程实际竣工状态一致,应能准确表达其完整细节,能体现工程完成状态所需要的精确尺寸、形状、位置、定位尺寸和材质。

DL500 等级:包含 DL400 等级信息,增加工程对象单元保修日期、保修年限、保修单位、随机资料等反映工程完成时期的技术信息和技术状态。

③ 图层管理要求:为满足工程三维模型成果的规范化管理要求,便于模型的批量编辑修改及多专业协同,实现模型的颜色、线型、线宽等图元信息的标准化推送,应采用图层方式对三维模型成果进行分类管理。

④ 颜色管理要求:模型图层颜色宜采用与设施设备本体颜色相近的颜色,管路系统的图层颜色应采用该工艺相关国际标准、行业标准或其他相应标准规定的颜色,电气管道母线类设备的图层颜色应采用反映其相序的颜色。

3. 三维模型轻量化发布

(1)场景整合发布

利用 Super Mapi Desktop 将倾斜摄影三维模型、管网及附属设施模型、厂站 BIM 模型、物联感知模型进行应用场景整合。厂站 BIM 模型与倾斜摄影三维模型在空间位置上完全重叠,为确保后期模型展示效果,可对倾斜摄影三维模型局部进行裁切、挖洞,实现场景视觉效果上的融合。为提高 WebGL 客户端浏览的性能和效率,需要将文件数据格式转换成三维切片缓存格式(.S3M),再利用三维切片缓存数据进行场景整合。整合好的场景生成缓存格式,以便利用 Super Mapi Server 进行场景发布。

(2)数据轻量化处理

① 数模分离

三维模型包含几何数据和非几何数据两部分。几何数据就是我们能看到的二维、三维模型数据,非几何数据通常指 BIM 模型所包含的分部分项结构数据、构件属性数据等相关业务数据。

进行 BIM 数据轻量化处理时,首先会将几何数据和非几何数据进行拆分。通过这样的处理,BIM 模型文件中 20%～50% 的非几何数据会被剥离出去,导出为 DB 文件或 JSON 数据,供 BIM 应用开发使用。

② 几何数据轻量化处理

剥离了非几何数据后,剩下的三维几何数据还需要进一步优化,以降低几何数据的体量和后期客户端电脑的渲染计算量,从而提高 BIM 模型下载和渲染的速度。

③ 三维几何数据实时渲染

要实现对三维几何数据的实时渲染(实时渲染有别于很多看起来很漂亮、炫目的后期专业渲染制作的动画,二者技术要求完全不同),一般需要进行两个步骤的操作:一是把三维几何数据下载到本地电脑(文件过大,则下载时间过长);二是利用本地电脑的内存和 GPU(显卡)实时渲染 BIM 模型文件(文件过大,则 Web 浏览器无法支撑)。

处理大体量 BIM 模型的关键在于实现对模型几何数据的有效规划,解决本地电脑三维几何数据下载、本地内存管理和高效的渲染。而大模型 LOD 的处理方案从最根本的内存管理入手,在三维几何数据轻量化处理阶段,依据空间位置计算,将构件进行空间位置排序来确定模型的轮廓,保证用户初始加载模型就能看到模型的整体轮廓。

同时,通过多重 LOD 计算,可为同一个构件分别生成轮廓模型与精细实体模型。在三维几何数据的实时渲染阶段,通过实时计算视点与模型的距离,进行动态的轮廓模型与精细实体模型的内存加载与渲染。从而在不影响视觉效果的前提下,提高本地电脑实时渲染 BIM 模型的效率,并始终保持浏览器内存在可控的范围内,实现类似人眼观察世界的效果。

(3)云端轻量化处理

通常,BIM 模型数据对计算机的配置要求非常高,应至少达到图形工作站级别。数据格式转换模块云端轻量化通过简单地上传、参数配置,即可进行数据轻量化工作,大大减少对人员以及计算机硬件环境的要求。

BIM 模型轻量化的工作同样存在并发的需求。因此,平台通过 Web 端微服务的方式,在云端实现高并发、高性能的应用功能,解决 BIM 模型轻量化的并发需求。

5.2.4　典型应用场景

1. 辅助管网规划设计

在新建管线规划设计时,通过分析规划管线范围内相邻管线数据以及与相邻管线、建筑物的间距,辅助规划设计单位进行区间合理布设分析,提高管线规划设计的质量和可行性。

2. 设备运行监测管理

将三维模型与设备相关信息进行集成,可基于模型数据直接查看供应商、参数性能、使用年限、维修电话、所在位置、实时状态等信息;还可以展示设备的实时运行状态,通过不同颜色提示当前时刻下的设备运行状况;同时,可形成历史运行状态库,以便对历史运行状态进行统计分析。

3. 城市空间综合管理应用

地下设施开发包括地下人防、综合管廊、地铁线路、地下商业等,在开发时通过调取范围内管线三维数据,可以很方便地了解管线的方位、管径、埋深、敷设时间、所属单位等信息,减少施工过程中的误挖、错挖等情况,为施工安全与管网安全保护提供保障。

4. 三维交互式漫游体验

传统的设计成果展示只能通过二维图纸,图纸信息在传递中存在理解不一致、成果不直观等问题。三维设计中成果展示除了二维图纸,还有三维模型、三维动画、三维漫游三种模式。三维设计成果为施工方、业主提供了工程项目的虚拟展示,使得设计意图的表达更加准确、直观。

5.3 数值模型方案

5.3.1 目标

构建污水管网系统、雨水管网系统、河道模型,根据模拟数据评估污水系统排水能力、雨水系统排水能力、洪涝风险、污染源对河道水质污染情况等,开发接口实现模型结果并在平台上展示,有效指导城市防洪排涝、管网规划等工作。

5.3.2 总体架构

基于地形地貌数据和雨水及合流制系统基础数据,建立雨水及合流制系统水文水动力与水质数值模型。利用实测数据进行模型率定和验证,使数值模型达到相关规范及实际应用所需的精度要求,确保数值模拟结果的可靠性。

基于污水管网系统基础数据,建立污水系统水动力与水质数值模型,利用实测数据进行模型率定和验证,使数值模型达到相关规范及实际应用所需的精度要求,确保数值模拟结果的可靠性。

将数值模拟结果与智慧水务系统进行耦合,在智慧水务平台上基于GIS直观、动态地展示,提供相应的评估分析、预报预警辅助决策功能。

数值模型建设总体架构见图 5-2。

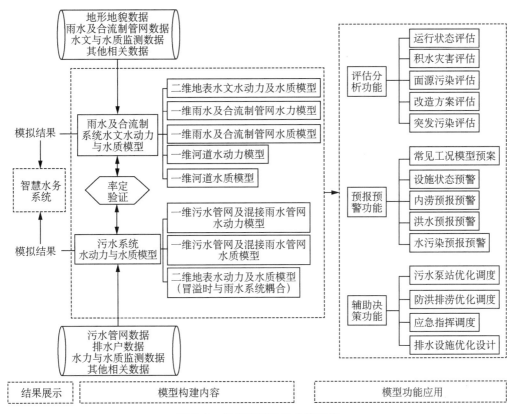

图 5-2　数值模型建设总体架构

5.3.3　内容

1. 雨水及合流制系统水文水动力与水质模型构建

（1）模型组成

基于地形地貌数据和雨水及合流制系统基础数据，建立雨水及合流制系统水文水动力与水质模型，模型包括二维地表水文水动力模型、一维雨水及管网水动力与水质模型、一维河道水动力与水质模型。

（2）建模范围

建模范围的确定原则以水务管理内容为基础，系统模型实用为优先。二维地表水文水动力模型范围为项目区域范围内的地表，包括陆地地面以及琵琶湖等不能概化为一维模型的水体。一维雨水及管网水动力与水质模型建模系统最小单位为小区接入市政排水系统的接入管，即不考虑小区内部排水系统。一维河道水动力与水质模型的建模对象为项目范围内的河道及闸门、泵站等水利设施。

（3）模拟对象

雨水及合流制系统的模拟对象包括地表产汇流过程、内涝积水点淹没过程、雨水管网水力与水质过程、河道水动力与水质过程。基于历史降雨数据建立的洪涝模拟模型预案库可为以下分析功能提供模型数据支撑：雨水系统日常运行状态（包括排水能力）分析、洪水灾害风险分析、积水灾害风险分析、面源污染分析、河湖日常水质分析、突发污染水质影响分析等。

（4）边界条件

二维地表水文水动力模型的输入边界为降雨数据。二维地表水文水动力模型结果及水力水质监测数据为一维雨水（及一维混接雨水）管网水动力与水质模型提供了水动力与水质边界条件。一维河道水动力与水质模型的边界条件包括河口外潮位过程、雨水及混接雨水管网模型模拟的水量过程，水质边界由水质监测数据和雨水及混接雨水管网模型模拟的水质过程输入。

（5）率定验证

雨水及合流制系统基础模型搭建完成后，对模型参数进行率定，确定合理的模型参数取值。二维地表水文水动力模型需要率定的模型参数主要包括不透水率、不透水区固定径流系数、初期损失量、汇流系数、初渗率、稳渗率、最大下渗率、最小下渗率、衰减率、地表糙率、污染物最大累积量、冲刷系数、冲刷指数等。一维雨水及管网水动力与水质模型需要率定的参数主要包括管道糙率、污染物扩散系数、污染物降解系数等。一维河道水动力与水质模型需要率定的参数主要包括河道糙率、污染物扩散系数、污染物降解系数等。

采用与模型率定不同组的实测数据对模型进行验证，验证内容即为模拟对象的产流量、积水点水位、管道液位、流速、流量、水质浓度等参数，以保证模型模拟结果的可靠性。易涝点监测的水位过程数据以及雨水管网监测的液位、流量、水质数据将为雨水及合流制系统模型提供率定验证的资料数据。

2. 污水系统模型构建

（1）模型组成

基于污水管网系统基础数据，建立污水系统水力与水质数值模型，包括一维污水管网及混接雨水管网水动力模型、一维污水管网及混接雨水管网水质模型；当进行污水冒溢影响模拟时，须耦合一维污水管网模型与雨水系统所建的二维地表水动力与水质模型。

（2）建模范围

建模范围的确定原则以水务管理内容为基础，系统模型实用为优先。一维污水管网水动力与水质模型建模系统最小单位为小区接入市政排水系统的接入管，即不考虑小区内部排水系统。例外的是，对于小区内部存在混接雨水管道的污水管网系统，建模最小单位考虑小区内部的排水系统。二维地表水动力与水质模型为雨水管网系统二维模型的建模范围,即包括水库水面在内的地表范围。

（3）模拟对象

一维污水管网及混接雨水管网水动力与水质模型模拟对象为污水管网流量、流速、液位、充满度和水质浓度,为污水系统运行状态（包括排水能力）分析、污水冒溢分析、雨水混接对污水处理厂进水水质水量影响分析等提供数据支撑。当污水溢流到地面,需要进行污水冒溢影响风险评估时,启动二维地表水动力与水质模型,进行溢流到地表的污水二维地表漫流影响模拟,为污水溢流污染影响风险评估提供数据支撑。

（4）边界条件

一维污水管网水动力与水质模型的输入边界条件由排水户信息、实测污水管网水力与水质数据等确定;对于存在雨水混接的管网,与一维雨水及管网系统耦合计算,得到混流进入污水管网的雨水水动力与水质过程。

（5）率定验证

污水系统基础模型搭建完成后,对模型参数进行率定,确定合理的模型参数取值。需要率定的参数主要包括管道糙率、污染物扩散系数、污染物降解系数等。

采用与模型率定不同组的实测数据,对模拟结果进行验证,以保证模型模拟结果的可靠性。验证的内容即为模拟对象中的液位、流量、流速、水质浓度等参数。污水管网监测的液位、流量、水质数据以及冒溢点监测数据、污水处理厂进水水量与水质监测数据等,将为污水系统模型提供率定验证的资料数据。

5.3.4　模型软件选择

项目所采用的数值模拟软件应满足以下性能要求:

① 软件计算规模应不受相应节点数限制,能够计算大尺度级别的城市排水系统及河道模型。

② 软件规格应为网络版。

③ 软件应能够支持 GIS、CAD、Excel、Access、SQL、Oracle 中各类数据的导入和导出;支持各类图片,包括卫星图片、航拍图等文件的背景图设置。

④ 软件应提供模型数据和结果整理。分析过程中的各种工具,包括但不限于 ATO（集水区根据背景图自动提取各类地形比例）,拓扑结构检查工具,包括连接性、接近性跟踪检查等工具,缺失数据推断工具,主题图、背景图、纵断面、曲线图,动态标注、SQL 网络数据等批量检查和修改工具以及计算结果统计工具等。

⑤ 软件应支持各种计算结果的输出模式,包括但不限于 Excel、GIS、GoogleEarth 输出,以及视频录制等。

⑥ 软件应采用基于数据库的模型管理方式,能将一个项目中各个流域、各个时期的各个模型以及各个项目中的所有模型整合于一个中心数据库,方便模型的管理。

⑦ 软件应记录模型修改过程中的数据修改历史,以辅助模型师了解模型数据参数的调整过程;并能够提供对数据来源、数据质量、数据编辑者等进行标识的工具,以辅助模型师了解模型数据的质量。

⑧ 软件应充分利用硬件。针对大的或复杂的模型,应能提高计算速度,包括利用CPU多核完成多任务同时计算,以及利用独立显卡提高2D计算速度等;能够支持同时使用同一电脑上的多GPU。能够调用同一网络内其他电脑进行计算(同时计算电脑数不超过用户权限数),以最大化利用网络内的计算能力。

⑨ 软件应具有一定的拓展性,可以和实时在线模型软件进行对接,也可以通过后续添加额外模块来实现和第三方系统平台的整合。

应用比较成熟、行业内比较知名的管网数值模拟软件见2.3节的介绍,根据实际需要及经济层面要求选择相应模型软件即可。

5.3.5 典型应用场景

1. 基于雨水与合流制系统水文水动力与水质模型的应用场景

(1) 雨水系统日常运行状态评估

掌握雨水系统的排水能力现状以及雨水系统液位、流量、流速、水质等日常运行数据,分析评估雨水系统日常运行状态,及时发现与处置雨水系统运行过程中存在的问题,是排水监管的日常工作之一。

在设计降雨条件下,对雨水管网的液位、流量、流速等进行模拟,分析得出雨水管网重现期、超负荷运行段、低速运行容易淤积段,对雨水系统排水能力进行系统评估,并在综合展示系统上展示评估结果。相关管理人员可随时查看现有雨水系统的排水能力信息,为雨水系统改造、雨水系统问题巡检等提供参考依据。

在日常运行条件下,通过数值模型管理系统自动从数据库读取日常监测的降雨量数据、合流制系统污水水质水量监测数据、河道上游流量与水质数据、河口水位(潮位)与水质数据等,作为模型的边界条件,按设定的时间自动触发雨水系统模型进行模拟,得到日常情况下的雨水管网液位、流量、流速、水质模拟结果并存入数据库。综合展示系统从数据读取模型模拟结果数据,将模拟结果数据处理为可视化的动态图像,基于GIS系统进行结果的可视化展示,并基于雨水系统正常运行标准,自动分析评价液位、流量等状态是否超出预警值。如果超出预警值,则以告警形式显示,监管人员可直观查看超负荷运行的管道,并且将液位、流量、水质等模拟结果与实测结果进行比较分析;如果与预设的规则相比存在异常,则在系统上发出告警,为监管人员、运维人员提供雨水系统运行状态的可视化数据,及时发现雨水系统中存在的问题,并采取针对性措施保障雨水系统的正常运行,使雨水系统的监管与运维"有数可依"。

（2）基于模型预案的洪涝灾害预警

在雨水系统现状基础上,利用历史降雨数据、典型降雨工况,进行地面产汇流过程、城市易涝点积水过程、排水系统排水过程模拟,将降雨条件、模拟结果等一一对应,绘制洪涝灾害风险分布图,建立洪水与积水过程的预案库。

当管理人员接收暴雨预警,初步分析有洪涝灾害高风险时,在降雨来临前,根据气象局提供的预报降雨数据对预案库里的降雨条件进行匹配,从系统预案库调出相匹配的模拟结果,在综合展示系统上展示。相关人员在系统上查看关注区域的洪水淹没过程和积水淹没与消退过程,提前掌握降雨可能造成的积水与淹没后果,为监管部门采取针对性的应急措施提供决策依据。通过建立数值模拟结果预案库,最终,管理人员能够实现:通过查询和浏览典型预案,了解可能发生洪涝灾害的原因和过程;通过查询和浏览预案库中的历史事件,寻找类似的方案供参考;开展临时方案的测算,结合预报降雨做一定的预演和解决方案的测算,为决策提供依据。

（3）内涝积水灾害事后评估

利用数值模型重现内涝积水事件的过程,为防洪排涝管理的雨后灾害总结提供数据支撑。在内涝事件发生后,利用内涝事件发生时的排水管网基础数据、实测降雨数据、实测流量数据、河口实测水位数据、闸门泵站等排水设施的实际运行数据等作为模型的输入条件,开展雨水系统的数值模拟,得出内涝积水点的水位变化过程、积水点排涝的流量过程;同时,将排水管网及河道监测点处的模拟数据与实测数据进行比较,分析模拟结果的可靠性。内涝点的淹没过程、排水系统的排水过程等在综合展示系统上基于GIS可视化展示,为监管部门对内涝事件发生后的分析评估提供支撑数据。

将实际发生的内涝事件的模拟结果作为一次历史事件反演数据存入模型预案库,为今后类似条件下的积水灾害预警提供参考预案。

（4）规划工况下的雨水系统排水能力评估

当需要进行雨水系统规划时,可利用项目数值模拟系统,以初拟的若干方案作为基础数据调整基础模型,在设计降雨条件下,开展雨水系统排水模拟,得出排水管网的液位、流量、流速等数据,以及规划区域的地面排水过程数据。分析评估各预设方案下的雨水系统排水能力,为规划方案比选、方案优化设计提供必要的基础数据支撑。

2. 基于污水系统水动力与水质模型的应用场景

（1）污水管网日常运行状态评估

掌握污水管网系统的排水能力,以及污水管网液位、流量、充满度等基本信息,及时发现污水管网超负荷运行段、容易淤积段等,是排水监管人员和运维人员的日常工作之一。

在典型降雨条件及旱天条件下,结合排水户调查数据、排水户水质水量监测数据等资料,对排水户排水水量、水质进行分析,得出各类典型排水户的排水水量、水质过程作为污水管网模型的输入条件,并考虑混接的雨水管网混入雨水的情况,对污水管网的液位、流量、流速、水质等进行模拟,得出污水管网的液位分布、流速分布、充满度分布、水质分布等结果。分析评估污水管网的排水能力,在综合展示系统上展示哪些管网是经常超负荷运行的,哪些管网由于流速长期过低存在淤积风险,为污水调度、污水管网改扩建、污水管网清淤维护等提供数据支撑。

在日常运行情况下,以分析实时监测的数据得出的排水户水质水量、污水管网水质水量、降雨、污水处理厂进水水质水量等数据作为输入,按设定时间自动触发污水系统模型进行模拟,得到日常运行条件下的管网液位、流量、流速、充满度、水质浓度等数据。同时,在综合展示系统上基于GIS进行模拟结果的动态可视化展示,并基于污水系统正常运行标准,自动分析评价液位、流量、流速、充满度等是否超出预警值。如果超出预警值或与预设的规则相比存在异常,处理方式和雨水与合流制系统水文水动力与水质模型相同。

(2) 污水管网冒溢风险评估

利用历史降雨和设计降雨、排水户排水水量等数据作为模型的输入条件,模拟污水管网系统在旱天、雨天两种不同情景下的运行情况,得出污水溢流点位置、溢流过程和溢流流量,进而对冒溢风险进行相应的评估,在综合展示系统上展示污水系统冒溢风险图及相关的数据,辅助相关人员进行污水溢流污染管理。

为了进一步评估冒溢风险对河湖水质的影响,应结合雨水系统模型进行耦合模拟,得出污水冒溢对河湖水质的影响范围和影响程度,为河湖水质管理及污水调度管理提供数据支撑。

排水户变化、污水量增减、管网泵站等污水设施的调整均可能改变溢流的位置和风险,通过数值模拟,得出排水条件改变时污水溢流风险的改变,为监管人员提供准确的冒溢风险数据。

(3) 规划工况下的污水管网排水能力评估

在排水户变化导致排水量增加的条件下,以现有的污水管网系统为基础模型,以现有的排水量数据基础上考虑增加的排水量作为输入条件,进行污水管网的液位、流量等模拟,得出污水管网的液位、流量、充满度等信息,分析是否超出现有污水系统的排水能力,从而为是否需要新建或改扩建现有排水管网提出建议。

当需要进行排水管网改扩建时,在现有的排水量数据基础上考虑增加的排水量作为输入条件,对若干组方案下的管网系统进行排水能力模拟分析,得出既满足排水需求又经济合理的方案,为方案比选和优化设计提供建议。

当地下施工导致污水管网需要发生明显的路径改变时,按排水路径的改变调整污水系统基础模型,以排水户排水量及雨污混接水量为模型输入数据,开展路径改变后的污水管网排水能力模拟,分析液位、流量、流速及充满度的变化,评估路径改变后排水管网的排水能力,给出管网改扩建的建议,为污水管网优化设计提供支撑数据。

案　例　篇

第6章

案例一：基于水质水量分析的污水系统诊断

6.1 项目概况及实施思路

1. 项目概况

为进一步推进 L 市水系治理，改善水生态环境，守好绿水青山，适应城市建设可持续发展的需要，加快中心城区发展的步伐，提高城市环境质量，根据新修编城市总体规划，结合 L 市污水现状，开展基于水质水量的污水系统提质增效项目。排水管网预诊断工作范围包括城北区（约 51.3 km²）和经济开发区（约 27.8 km²）。城北区污水管线长约 395 km，经济开发区管网约为 38 km。两片区域内设有两座污水处理厂（城北污水处理厂和东城污水处理厂）和九座污水泵站。

2. 预诊断实施思路

通过基础资料调查、管网核查与补测、水质水量监测、排口调查，结合市政排水管道缺陷检测等手段，确定主城区污水系统存在的主要问题，如高水位运行问题、进厂污水污染物浓度低、管道外土体侵蚀严重、地面塌陷频发等，并聚焦重点问题区域，初步诊断造成问题的原因，以指导现场管网排查与整治工作，做到有的放矢。

6.2 预诊断实施

6.2.1 资料收集

收集区域内污水处理厂及泵站运行数据、区域内用水量数据、工业企业废水污水处理与排放数据、商业区污水排放数据、居民区污水排放数据、水文地质资料等，对区域内排水管网运行情况进行初步分析。

6.2.2 排水管网核查与补测

L市城区已收集到部分市政排水管网图。但管网图无属性信息,部分管段管径、流向等基本信息缺失,物探点号重复,连接关系等错误,且部分区域管网图缺失。必须对主城区管网图进行核查与补测,绘制完整、准确的市政排水管网图,查明区域内排水系统拓扑关系,进而对调查区域内排水体制、排水系统的现状问题提出明确的认识。

6.2.3 排水系统缺陷排查

在项目范围内全面开展市政排水管道缺陷检测工作。

一方面,通过 CCTV 和 QV 检测等对排水管网系统各类缺陷进行检测,以收集的市政排水管网资料为工作底图,综合运用人工调查、仪器探查、泵站运行配合等方法,查明调查区域内设施破损情况(检查井、雨水口、井室)、排水管道现状等信息,进而确定由于管道渗漏产生的地下水入流入渗具体位置和数量。

另一方面,组织进行雨水管网排口调查工作,须查明排口受纳水体概况,排口位置(坐标、高程)、形状、性质、规格、材质、挡墙形式、混接情况及现场照片等;查明排口附属设施,包括附属于排口或其截流设施的闸、堰、阀、泵、井及截流管道等;强排区域应检查是否有河水倒流雨水排口,目视检查排口河水倒灌及排口上游的第一个节点井倒流,检查时泵站应配合降低系统水位。排口的调查须追溯到与市政管网连接的第一个井,同时测量排口处河湖水位,绘制排口至市政管网纵断面图,排查可能形成倒灌的排口。

6.2.4 水质水量监测分析

准确查明城区市政排水管网拓扑关系后,在污水管网关键节点进行水量监测,同时按照"干管—支管—末端"的原则布设水质取样点,并开展区域内河、湖、地下水水质取样分析。聚焦外水进入的严重区域,通过不同污水类型的水质指示特征因子(初步考虑电导率、硬度、COD、氨氮四个指标)比对、穿河管段污染物浓度调查等手段进行初步判断,判定外水入侵的主要类型。

通过用水量折算法和化学物质质量平衡法对区域内外水入流入渗量进行分区解析和等级评估;并通过对调查区域内的泵站和关键断面控制点进行旱天雨天流量连续监测,对雨水入网情况进行解析。

6.2.5 区域用水量数据统计

城北区居民小区及事业单位合计 392 家,2019 年总用水量约为 2 143 万 t,平均58 712 t/d。城北区工业单位有 44 家,2019 年总用水量约为 1 600 万 m³,平均用水量为4.38 万 m³/d。

经济开发区用水单位共有 27 家,年总用水量为 88.64 万 m³,平均用水量为 2 428.49 m³/d。

6.2.6 泵站及污水处理厂水质水量数据分析

1. 泵站拓扑关系梳理

L市城北区涉及的泵站如图6-1所示,而城北污水处理厂实际收水涉及的泵站包括 光明泵站、皋城路泵站、新河泵站、开发区泵站、经三路泵站、河西泵站六个泵站,平均污水 量约为2.98万 m³/d。2019年后,安丰路与淠河总干渠交汇处附近北调一体化泵站正式 运行,开发区泵站、经三路泵站、皋城路泵站、新河泵站送往城北污水处理厂的部分污水通 过北调一体化泵站和霍邱路泵站被送往经济开发区的东城污水处理厂。

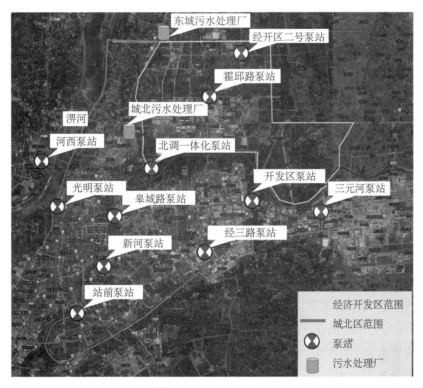

图 6-1 泵站位置示意

各个主要泵站的位置与收水面积如下。

(1) 河西泵站:位于淠河西岸河西景观大道新安大桥下游 200 m,设计流量 280 L/s, 设计扬程 14.5 m。主要收集淠河以西、新安大桥以南规划区域的污水,收水面积 568 hm²。

(2) 光明泵站:位于光明西路与淠河路交叉口东南角,设计流量 186 L/s,设计扬程 10 m。主要收集解放路以西、紫竹林路以北、光明路以南老城区的污水,收水面积

97 hm²。

（3）皋城路泵站：位于皋城路桥东，设计流量 83 L/s，设计扬程 18 m。主要收集长安路以西、淠河总干渠以东、皖西路以北区域的污水，收水面积 208 hm²。

（4）新河泵站：位于新河东路与老淠望路交叉口东北角，设计流量 171 L/s，设计扬程 35.6 m。收水服务范围为北起皖西东路、南至淠望路、东起长安南路、西至淠河总干渠，收水面积 459 hm²。

（5）经三路泵站：位于经三路与 312 国道交叉口东北角，设计流量 204 L/s，设计扬程 23 m。主要收集皋陶路以西、皖西大道以南、佛子岭路以东区域的污水，收水面积 538 hm²。

（6）开发区泵站：位于经济开发区杭淠干渠皋城东路桥西南角，设计流量 483.7 L/s，设计扬程 35.6 m。收水服务范围为北起淠河总干渠、南至皖西大道、东城路以西 818 hm²。

经济开发区内的泵站包括霍邱路泵站（功率 1 656 m³/h）、经开区二号泵站和北调一体化泵站。其中，经开区二号泵站于 2020 年运行，北调一体化泵站于 2019 年运行。雨天时，由于上游污水管网收水增加（淠河总干渠以东片区），北调一体化泵站运往霍邱路泵站的水量增加，高峰时可达 1.5 万 m³/d。而霍邱路泵站的运行功率大于东城污水处理厂进水提升泵站功率（900 m³/h），泵站输送水量速率大于污水进厂速率，导致管道水位上升，是造成经济开发区雨天污水检查井外溢的主要原因。

2. 泵站运行数据分析

数据来自 L 市排水公司泵站管理办公室，由于经济开发区的霍邱路泵站、经开区二号泵站以及北调一体化泵站未安装流量监测设备，仅收集了诊断范围内相关的光明泵站、河西泵站、皋城路泵站、新河泵站、站前泵站、经三路泵站及开发区泵站 2019 年 3 月—2020 年 3 月连续 1 年的运行数据。

1）光明泵站和河西泵站运行情况

2019 年，光明泵站仅在 6—11 月雨季或丰水时段间歇式运行，其余时段均不运行，运行的平均流量为 0.23 万 m³/d，最大日流量为 0.98 万 m³；河西泵站在 2019 年 12 月—2020 年 5 月的流量数据较大，6—11 月的流量数据相对较小，平均流量为 0.45 万 m³/d，最大日流量为 2.39 万 m³。

2）皋城路泵站和新河泵站运行情况

皋城路泵站 2019—2020 年全年连续运行，在 1—8 月的流量数据较大，9—12 月的流量数据相对较小，运行的平均流量为 0.15 万 m³/d，最大日流量为 0.38 万 m³；新河泵站降雨时段与皋城路泵站相似，平均流量为 0.36 万 m³/d，最大日流量为 0.82 万 m³。

3）开发区泵站和经三路泵站运行情况

开发区泵站全年的流量数据均较大，平均流量为 1.23 万 m³/d，最大日流量为

2.16万 m^3；经三路泵站流量数据总体比开发区泵站少,平均流量为0.56万 m^3/d,最大日流量为1.68万 m^3。

4)站前泵站运行情况

站前泵站全年运行,流量数据大,平均流量为1.34万 m^3/d,最大日流量为2.16万 m^3。

3.污水处理厂水质水量数据分析

1)城北污水处理厂

(1)处理水量分析

城北污水处理厂设计处理量为8万 m^3/d(240万 m^3/月)。根据规划,该污水处理厂二期规模扩建到16万 m^3/d。根据收集的城北污水处理厂2017—2019年处理水量逐月数据分析,这三年城北污水处理厂年处理总量变化不大;其中,2017年月平均处理量246万t,2018年月平均处理量253万t,2019年月平均处理量241万t。由此表明,城北污水处理厂已满负荷运行,根据月处理水量趋势变化分析,1—3月污水处理厂处于低负荷运行状态,3—6月处于满负荷运行状态,6—10月处于超负荷运行状态。

为缓解城北污水处理厂的压力,2018年,L市在安丰路与浕河总干渠交汇处附近建立了北调一体化泵站,于2019年正式运行。该泵站接收开发区泵站、经三路泵站、新河路泵站以及皋城路泵站的来水;该泵站共三台泵,两用一备,根据液位或人工控制间歇运行,出水送往经济开发区东城污水处理厂。2019年,城北污水处理厂的进水水量有明显减少,3—6月、9—11月的处理水量明显低于其他年份同月水平。

(2)进水水质分析

分析城北污水处理厂2017—2019年进水COD和TN的浓度变化情况。其中,COD浓度月变化波动不大,维持在160～260 mg/L。从月平均浓度来看,2017年浓度(241.3 mg/L)相对较高,2018年(203.7 mg/L)和2019年(209.4 mg/L)相对较低,说明2018、2019年外水入侵情况较2017年严重。TN浓度的变化趋势情况总体与COD相似,TN的变化范围为25～35 mg/L,月平均浓度34.1 mg/L(2017年)>30.9 mg/L(2018年)>26.0 mg/L(2019年),说明外水入网情况逐年加重,与COD结论相符,间接反映了城北区管网质量和水质正在恶化。

2)东城污水处理厂

(1)处理水量分析

东城污水处理厂为工业废水处理厂,设计处理量2万 m^3/d(60万 m^3/月),设计进水参数有COD 500 mg/L、氨氮35 mg/L和总磷6 mg/L。根据2017—2019年污水处理厂处理水量逐月数据分析,这三年东城污水处理厂处理总量变化较大。其中,2017年月平均处理量 24 万 t,2018 年月平均处理量 28 万 t,2019 年月平均处理量 47 万 t。相比 2017 年,2019 年平均处理量增长近 2 倍,但污水处理量还未达到设计负荷。以 2019 年数据为例,月处理设计负荷量 60 万 t,实际处理 47 万 t,余 13 万 t。根据调查,2019 年北调一体化泵站运行后,东城污水处理厂处理水量明显增加:2019 年之前,东城污水处理厂平均处理量为 8 000~9 000 m³/d;2019 年之后为 15 000 m³/d。

(2)进水水质分析

2017 年和 2018 年 COD 浓度月变化波动相对较小,为 90~160 mg/L。2019 年变化较大,波动范围为 70~240 mg/L。这说明 2019 年外水入侵情况较 2018 年和 2017 年严重。但 COD 月平均浓度 164.9 mg/L(2019 年)>137.6 mg/L(2017 年)>116.7 mg/L(2018 年),说明 2019 年工业排量增加,与污水处理厂处理量分析结果相符。

氨氮统计分析结果与 COD 一致。2019 年波动相对 2017 年和 2018 年大,氨氮月平均浓度 21.28 mg/L(2019 年)>16.08 mg/L(2017 年)>14.3 mg/L(2018 年)。根据分析结果得知,2019 年外水入侵情况比 2018 年和 2017 年严重,导致污水处理厂处理水量波动较大,间接反映了经济开发区管网质量和健康情况正在恶化。

4. 施工工地排水入网分析

考虑到各个工地的施工规模、项目进度、施工场地等差异使工地排水规律不清,结合其他工程经验,取每个工地的平均涌水量 150 m³/d 来估计整个调查区域内的施工降水入网量,为 3 600 m³/d,其中,城北区 3 000 m³/d,经济开发区 600 m³/d。在同时排水的情况下,施工降水分别仅占污水处理厂设计负荷的 3.75 % 和 3 %。

5. 工业废水排放分析

根据 L 市生态环境局提供的 2017 年普查数据,城北区 8 家排水大户 2017 年日均排水量约为 1 759 m³,经济开发区 4 家排水大户 2017 年日均排水量为 1 516 m³,两个区域总体日均排水量为 3 275 m³。城北区和经济开发区工业废水排放量占城北污水处理厂和东城污水处理厂设计负荷的 3.28%。

6.3 项目成果

1. 预诊断分析结果

1)污水管网高水位运行

(1)物探检测发现管网缺陷。

检测发现,污水管网功能性缺陷中占比最高的两种缺陷是障碍物和沉积,分别占功能性缺陷总量的 68.77% 和 12.51%,是造成管道和检查井室拥堵的主要原因,严重削减了管网系统的过流能力。另外,发现多处管道起伏,造成水流不畅,水位上升。建议按照从上游到下游稳步推进的原则,针对管网排查中已发现的严重缺陷进行全面修复整治,加强管道清淤养护,增强管道过流能力,降低运行水位。

(2) 外来水定性定量调查发现缺陷。

两个调查区域污水管网旱天地下水、地表水等外来水量约占总污水量的 16%,其中共 15 个调查分区外来水入流入渗率高于 15%,雨水入网调查中共 9 个调查分区雨水入流入渗量高于 15%,需要进行优先治理。建议结合物探检测结果,先对外水入侵情况较为严重的片区管网进行集中整治修复,并且对所有排水户实行排污许可制度,以防止雨污错接、混接等。

(3) 管网系统污水提升泵站运行功率与污水处理厂运行功率不匹配,造成管内污水淤积甚至污水外溢。

2）污水管网进水浓度低

(1) 原生污水浓度低

调查发现,居民原生生活污水 COD 平均浓度为 250 mg/L,工业废水 COD 平均浓度为 127 mg/L,明显低于污水处理厂 500 mg/L 的进水指标。建议应从源头出发,将企业、小区等与道路进行彻底雨污分流,正本清源。

(2) 存在管网地下水渗漏和河、湖水倒灌问题

在城北区和东城区发现管内渗漏点,其中 3、4 级渗漏共 36 处,出现旱天淹没的雨水排口共 31 个,明显倒灌点 3 个,造成了管网系统污染物稀释。部分过河管道水质发生突变,应对穿渠管道进行全面复核,进一步确认可疑点,并优先整治河、湖水倒灌点,并且对查明的管道入渗点进行优先修复。

2. 工程效果

在长达 2 年的污水片区管网排查和整治工作中,结合收集的资料数据和阶段性排查结果,采用污水系统预诊断分析方法,对污水系统,尤其是管网子系统进行了诊断分析,得到系统存在的问题及主要成因,为进一步的排查及后续的整治工作提供了方向性的指导。同时,借助预诊断技术,可分析得到污水系统雨污混接、地下水雨水等外水入侵情况,对于污水系统整治工作的效果评估起到了量化作用。经过排查、诊断与整治,该片区污水集中处理率和污水处理厂进水污染物浓度均有明显的提升。

第7章

案例二:基于模型的排水管网系统评估

7.1 项目概况

本项目范围为 F 区,全流域 78 km²,以流域内排水系统(包含雨水和污水管网系统)为主要对象,涵盖污水处理厂、市政雨污水管网、部分小区雨污水管网、污水泵站、雨水泵站以及流域内主要河流,并须集成与排水系统有关的设施设备数据,降雨、流量、水位等监测数据,以及相关的基础地理信息数据。

按照 F 区排水管网"扫楼清管"及智慧管网监管平台建设的要求,基于基础地形地貌数据、排水管网普查数据等,构建 F 区排水管网模型,包括污水系统水力模型、雨水管网模型及河道系统水文水动力模型,并利用实际收集的实测数据进行模型率定和验证。建成后,模型能够满足排水系统现状模拟分析评估与预案模拟预测需求,且数值模拟结果能与综合展示系统耦合。

本项目主要包括以下三方面内容。

(1)模型构建

利用 F 区范围内下垫面、湖泊港渠、泵站、闸站、管网等基础资料,结合 F 区管网普查数据,构建 F 区雨水及污水排水管网模型,并利用实测数据进行模型率定和验证。雨水及污水排水管网模型均包含市政雨污水以及部分小区管网系统。

(2)排水管网现状评估

利用校验后的模型,在设计重现期降雨条件、管网运行情况与河口潮位等条件下,对现状地表产汇流过程、管网水动力过程、河道的水动力与水质过程等进行模拟,对管网流量、液位、充满度等排水管网运行状态以及管网排水能力、历史内涝积水情况、内涝积水风险等作评估。

(3)预案库模拟

利用校验后的模型,对典型降雨及排水户排水行为条件、典型运行工况下的管网排水能力、内涝积水、管网淤积等进行模拟评估,形成数值模型预案库。

7.2　模型构建

7.2.1　管网拓扑关系梳理

根据收集的基础管网普查资料，对 F 区项目范围内管道进行详细拓扑关系检查与梳理。对发现的问题进行提炼总结并及时反馈；对于无法复核的问题，利用工程经验进行合理假设，例如通过管道上下游关系及周边地形进行修正与插补，使模型概化尽量与实际接近。分析诊断 F 区市政雨水管网及市政污水管网数据，得出原始管网数据主要存在以下问题。

（1）设施编码问题。管道数据存在编码错误，管道上下游节点编号缺失、错误或重复，导致管网数据导入模型后存在管段跨区域、管段消失等问题。本项目对管段跨区域问题进行了管段修正，将管段上下游节点连接在正确位置上；对于单个上游、下游节点编码错误问题，进行了管段上下游节点编码修正；对于上游、下游节点编码均错误、缺失的管段，需要与原始管网数据一一进行人工核对并修复。

（2）设施属性缺失。管道的属性数据存在缺失，例如管径缺失、管底标高缺失、井深地面高程缺失等。

（3）排口未知。原始管网数据中未标明排口信息。排口调查数据显示，F 区内有市政排口及小区排口，但由于原始数据的排口信息与本项目管网数据的节点信息不完全对应，原始数据只能作为排口确定的参考文件之一。须结合排口调查数据、河道位置、管径信息、管道走向等信息，综合推断排口位置。

（4）连通性异常。原始管网数据存在 3 000 多段管团，管网连通性异常问题较严重。结合管径大小、管底标高、井室底高程、地面高程等信息，对管段进行增补，并对新增管段进行属性设置，通过上下游管段进行属性推断。

（5）管道流向反向情况严重。根据管径信息、管底标高、节点井室标高等信息，并结合河道位置，对管道流向进行修正。

7.2.2　污水管网模型构建

1. 模型网络概化

将污水管网、污水泵站、污水处理厂数据等导入模型，形成污水模型网络，并进行相关属性参数的设置。污水模型中包含市政污水管网、部分小区污水管网、截污系统管网、污水泵、截污泵及污水处理厂等设施。整个污水管网模型共包含 42 780 个节点、43 819 根管段和 41 526 个集水区。市政管网长度 572.4 km，管段数量为 26 385 段，小区管网长度205.9 km，管段数量为 16 706 段。

2. 集水区划分

集水区的划分使用泰森多边形方法自动创建子集水区边界,该方法假定距离节点最近的区域为该检查井的汇水区域。结合收集的污水管点分布方式,采用泰森多边形方法进行污水集水区划分,将 F 区流域范围划分为 41 526 个集水区。

3. 水动力模型

污水管网水动力模型采用一维水动力模型构建,主要由圣·维南方程组计算(联立连续性方程和能量方程,即为圣·维南方程组。)。方程未知参数包括横断面平均流速 $v[v=v(x,t)]$ 以及由管底至自由水面的水深 $h[h=h(h,t)]$。 排水管网中的水流视为不可压缩、无空隙的液体。根据质量守恒定律,在 dt 时段内,入流断面流入和出流断面流出的水量差应等于水体体积的增量,则有连续性方程

$$\frac{\partial A}{\partial t}+\frac{\partial Q}{\partial x}=q \tag{7-1}$$

上下游过流断面间的能量差转化为两部分,一部分是摩擦阻力做功;另一部分是水流加速度力做功,则得到能量方程为

$$\frac{1}{gA}\frac{\partial Q}{\partial t}+\frac{Q}{gA}\frac{\partial}{\partial x}\left(\frac{Q}{A}\right)+\frac{\partial h}{\partial x}-(S_0-S_f)=0 \tag{7-2}$$

式中,A 为管道过水断面面积(m^2);Q 为流量(m^3/s);t 为时间(s);x 为沿水流方向管道的长度(m);q 为旁侧入流量;g 为重力加速度(SI 制);h 为水深(m);S_0 为管道底坡;S_f 为阻力坡降。

4. 边界条件设置

本次污水管网水动力模型中主要包含入流边界和出流边界(表 7-1),入流边界包括污水处理厂流量、截污泵站流量等数据资料;出流边界为排口。将各污水片区现状污水量数据作为市政污水模型的入流条件,结合污水处理厂及管网运行水位和流量情况进行调整,得到各片区污水量。

表 7-1　污水模型水动力边界设置

类别	名称	说明	时间范围(年/月/日　时:分)
水动力	污水处理厂流量	包括污水处理厂 F 和污水处理厂 B 污水流量数据:污水处理厂 F 为实测入流流量数据,污水处理厂 B 通过片区人口污水量计算得到	旱天: 2021/7/14 全天、2021/12/31 全天 雨天: 2021/7/1 11:00—2021/7/2 11:00 2021/8/5 5:00—2021/8/6 5:00 2021/10/13 1:00—2021/10/14 1:00
	截污泵站流量	截污泵站流量为泵站实测流量值	
降雨	典型降雨场次	在全年中选取	

7.2.3　雨水管网模型构建

1. 模型网络概化

市政雨水模型中包含市政雨水管网、河道（明渠、暗涵）、泵、闸、堰、水库等设施，并进行了一维管网与地表模型二维耦合。市政雨水管网模型包含 55 189 个节点、55 462 根管段、2 465 个集水区。

2. 集水区划分

在项目范围内，根据地形高程和管网排设方式，将 F 区流域范围划分为 2 465 个集水区。根据收水范围不同，集水区的面积为 0.1～72.4 hm²。

3. 地面模型概化

以地面高程点数据为基础，建立地面 TIN（Triangulated Irregular Network，不规则三角网）模型，作为分析模拟内涝风险、积水发生位置、淹没深度等的基础条件。根据地面 TIN 模型，对模型范围划分地表二维三角网格，与模型节点进行耦合，用于计算管道节点与地表二维网格间的流量交换。二维三角网格的面积基本控制为 50～500 m²，总计 360 585 个三角网格。

4. 下垫面解析

城市下垫面的性质对地表径流量有显著影响。不透水面积比例越大，城市地表径流系数越高，更多的雨水形成了地表径流。根据最新的影像图对 F 区进行下垫面解析，为水动力及水质模型产汇流和面源污染计算提供基础。

项目结合土地覆被特征和土地利用实际状况，参考《城市用地分类与规划建设用地标准》（GB 50137—2011），将项目范围内建设用地分为裸地、绿地、硬地、屋面、道路和水体六类。利用地理分析工具对各类下垫面进行面积统计，得出裸地面积约为 5.75 km²，绿地（含山体绿化）面积约为 29.05 km²，硬地面积约为 12.61 km²，屋面面积约为 10.70 km²，道路面积约为 12.83 km²，水体面积约为 3.09 km²。

5. 产汇流模型

（1）地表产流模型

根据地表渗透性，将子集水区划分为透水和不透水面积，进行各子集水区的产流计算。对于透水下垫面，常用的产流模型有 Horton 模型、Green-Ampt 模型和 Curve Number 模型。

以 Green-Ampt 模型为例，其假设土壤层中存在急剧变化的土壤干湿界面，即非饱和土壤带与饱和土壤带界面，充分的降雨入渗将使下垫面经历由不饱和到饱和的变化过程。Green-Ampt 模型假设入渗前土体不同深度具有相同的初始含水率，雨水入渗是上层中存在明显的湿润锋，对入渗过程及土壤水分分布情况进行了概化，具体公式为

$$i = K_S \frac{h_0 + h_f + z_f}{z_f} \tag{7-3}$$

$$I = (\theta_s + \theta_i) z_f \tag{7-4}$$

式中，i 为下渗率（cm/min）；K_S 为土壤饱和导水率（cm/min）；h_0 为土壤表面积水深度（cm）；h_f 为湿润锋面吸力（cm）；I 为累积入渗量（cm）；θ_s、θ_i 分别为土壤饱和含水率和初始含水率。

本项目中对于绿地和裸地等透水下垫面采用 Green-Ampt 模型模拟，不透水或弱透水下垫面采用固定径流系数法。初始参数设置见表 7-2。

表 7-2 产流模型初始参数设置

地表产流类型	初损（mm）	Fixed 模型	Green-Ampt 模型及参数 （湿润锋面吸力-饱和导水率-饱和含水率）
屋面	0.071	0.95	—
道路	0.071	0.95	—
硬地	0.071	0.85	—
裸地	0.071	0.6	—
绿地	0.280	0.95	125-6.3-0.31

（2）地表汇流模型

汇流是指将各分区净雨汇集到出口控制断面或直接排入河道的过程。地表汇流模拟采用 SWMM 非线性水库法，模拟产流模型中划分的若干个透水和不透水子集水区的地面汇流过程。

模型需要输入每个排水小区的面积、宽度、坡度、透水地表和不透水地表的曼宁糙率、不透水地表百分比、无洼蓄能力的不透水地表百分比，以及透水地表和不透水地表的洼蓄量。

6. 水动力模型

（1）一维水动力模型

地表产汇流进入管网系统后，在雨水管网和河道中流动状态较复杂。本模型采用非恒定流进行数值模拟，采用动力波法离散差分求解圣·维南方程组，动态模拟管网和河网的复杂水动力运动，包括重力流、压力流、逆向流、往返流等。

（2）二维水动力模型

一维水动力模型主要用于模拟管网中的水流运动。当管道发生溢流或地面发生积水，管道与地表之间发生流量交换时，一维模型不能模拟管网溢流或地面积水后水流根据地形和下垫面的特征进行动态演进的过程，无法动态模拟洪涝的淹没范围、淹没深度、流速、退水路径等。二维地表漫流可视为自由表面的浅水重力流,可忽略垂直 z 方向的水流速度和加速度,用二维浅水动力学模拟,包括连续性方程、水流沿水平 x 方向动量方程和水流沿水平 y 方向的动量方程

$$\frac{\partial z}{\partial t} + \frac{\partial (\mu h)}{\partial x} + \frac{\partial (\nu h)}{\partial y} = 0 \tag{7-5}$$

$$\frac{\partial \mu}{\partial t} + \mu \frac{\partial \mu}{\partial x} + \nu \frac{\partial \mu}{\partial y} + g \frac{\partial z}{\partial x} + g \frac{n^2 \mu \sqrt{u^2 + \nu^2}}{h^{4/3}} = 0 \tag{7-6}$$

$$\frac{\partial \nu}{\partial t} + \mu \frac{\partial \nu}{\partial x} + \nu \frac{\partial \nu}{\partial y} + g \frac{\partial z}{\partial y} + g \frac{n^2 \nu \sqrt{u^2 + \nu^2}}{h^{4/3}} = 0 \tag{7-7}$$

式中,t 为时间(s);n 为曼宁糙率;u、ν 为 x、y 方向的流速分量(m/s);z、h 为 x、y 处的水位和水深(m);g 为重力加速度(SI 制);x、y 为直角坐标的横坐标和纵坐标(m)。

7. 模拟边界条件设置

1)设计降雨

根据当地流域降雨特征及降雨统计数据,编制短历时和长历时暴雨雨型,分别作为雨水管渠和内涝防治设施设计雨型。

(1)短历时雨型

根据项目当地暴雨强度公式及计算图表确定降雨量,采用芝加哥雨型(雨峰系数0.35)推求重现期为 2~100 年、历时 2 h 间隔的短历时雨型(表 7-3)。短历时 2 年一遇2 h 降雨雨型见图 7-1。

表 7-3　项目当地不同重现期 2 h 设计雨量

重现期	2 年一遇	3 年一遇	5 年一遇	10 年一遇	20 年一遇	50 年一遇	100 年一遇
总雨量(mm)	72.5	82.3	94.5	111.1	123.9	140.8	154.3

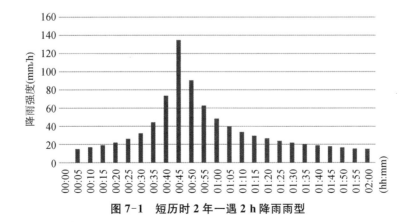

图 7-1　短历时 2 年一遇 2 h 降雨雨型

（2）长历时雨型

根据收集的暴雨过程线数据，当地不同重现期24 h设计降雨雨型、雨量信息如表7-4所示。长历时2年一遇24 h降雨雨型见图7-2。

表7-4 项目当地不同重现期24 h设计雨量

重现期	2年一遇	5年一遇	10年一遇	20年一遇	50年一遇	100年一遇	200年一遇
总雨量（mm）	151	232	290.6	347.9	422.8	478.8	534.5

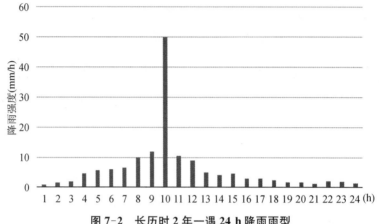

图7-2 长历时2年一遇24 h降雨雨型

2）历史降雨

本次模型共挑选2场降雨进行分析，类型均为单峰雨型，降雨历时为4 h。

表7-5 场次降雨信息统计

降雨场次	开始时间（年/月/日 时:分）	结束时间（年/月/日 时:分）	降雨历时（h）	降雨总量（mm）	最大雨强（mm/h）	降雨类型
1	2020/8/12 12:00	2020/8/12 16:00	4	40.80	35.72	单峰
2	2020/9/12 15:00	2020/9/12 19:00	4	37.10	29.66	单峰

3）设计潮位

项目当地潮汐属于不规则半日潮，即在一天内会出现2次高低潮。河流的水位受潮汐影响，河口附近潮位站有C站。采用C站设计潮位作为F区流域的设计潮位，根据当地防洪排涝规划修编及河道整治规划，C站的设计潮位均值为2.12 m，10年一遇和50年一遇的设计潮位分别为2.45 m和2.77 m。

7.2.4 水质模型构建

面源污染随着降雨径流进入排水系统，模拟采用累积冲刷模型，考虑不同污染物在晴天积累于地表,一部分随降雨径流被冲刷进入雨水系统。污染物累积过程与下垫面类型、垃圾清扫、交通等多种因素相关。污染物冲刷过程取决于降雨强度、降雨历时等因素。

累积冲刷模型认为地表污染物累积过程可通过如下三种方法模拟。

(1) 指数函数:污染物的累积量和累积时间成比例关系。

(2) 幂函数:污染物的累积量和累积时间成幂函数关系。

(3) 饱和函数:污染物的累积量与时间成饱和函数关系。

累积冲刷模型认为地表污染物冲刷过程是描述降雨径流期间地表被侵蚀以及污染物溶解过程的,有如下三种方法。

(1) 流量特性冲刷曲线:假设污染物的冲刷模型与其地表累积总量之间相互独立,冲刷量和径流率之间只存在简单的函数关系。

(2) 场次降雨平均浓度:是流量特性冲刷曲线的一种特殊情形。

(3) 指数方程:污染物的冲刷量和地表的残留量成正比,和径流量成指数函数关系。

本项目中水质模型构建的主要过程如下。

1. 模型网络概化和集水区划分

两个过程与 7.2.3 小节雨水管网模型构建的步骤相同。

2. 模拟边界条件设置

(1) 场次降雨事件

降雨历史数据为 F 区 G3778 气象站 2020 年 6 月 30 日—12 月 30 日共计 184 d 的逐分钟降雨监测资料。统计结果显示,日降雨量小于 2 mm 的天数最多,为 143 d,约占总天数的 78%,总雨量 16.1 mm;日降雨量为 2～10 mm 的天数为 20 d,总雨量为 114.5 mm;日降雨量为 10～50 mm 的天数为 17 d,总雨量为 420.3 mm,降雨 10～50 mm 可利用的雨水资源较多,该类降雨总量占比约为 50%;日降雨量超过 50 mm 的天数为 4 d,总雨量为 283.7 mm,产生内涝的风险增大,该类降雨总量占比约为 34%。日降雨量分布如图 7-3 所示。

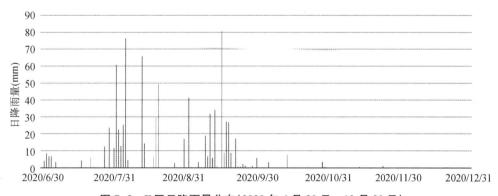

图 7-3　F 区日降雨量分布(2020 年 6 月 30 日—12 月 30 日)

在对长时序降雨监测数据分析的基础上,参考中国气象局对降雨等级的划分,并考虑小于等于 2 mm 的降雨不产流,分别选取了小雨、中雨和大雨三个典型降雨场次。其中,小雨场次为 7 月 27 日降雨事件,其时段降雨强度分布如图 7-4 所示,24 h 降雨量约为 12.5 mm,雨量集中分布在 0:00—8:30,约在 8:15 出现降雨峰值,强度为 34.2 mm/h。

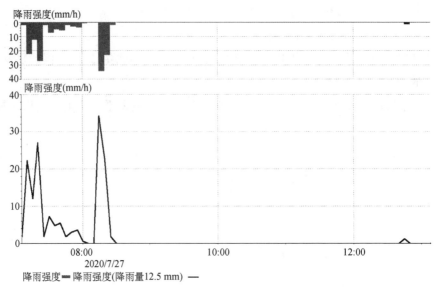

图 7-4 小雨(7 月 27 日,12.5 mm)场次降雨强度分布

(2)河口潮位

以其河口潮位数据为例,2015 年 7—10 月,最高高潮位 2.78 m(7 月 24 日),最低低潮位−0.72 m(7 月 1 日),潮水水位每天两涨两落,1 个太阳日一般出现 2 次高潮和低潮,呈周期性变化。(以黄海高程为基准,下同)

(3)水闸运行状态

设置河道末端水闸运行状态时,水闸启闭条件的设置考虑了闸内和闸外水位差,以及维持河道最低水位,保证满足所有河段最小基流量的需求。当闸内河道水位高于闸外河道水位 0.2 m,且河道水位高于 0.1 m 时,水闸处于开启状态,向外排水;否则,水闸处于关闭状态。F 区内有四条主要河流,其中两条河流全线改造为暗渠。因此,在分析河道水动力特征时,针对另外两条河流明渠段,分别选择上、中、下游三个河段,分析其在不同的典型场次降雨事件中的流速分布特征。

7.3 模型率定与验证

7.3.1 模型率定思路

模型构建后,利用软件工具和专业经验,综合分析模型集成的数据,结合现场监测数据分析与筛选,来进行模型的率定和验证。由于模型的复杂性和现场监测时场地条件及管道运行状况的不确定性,监测资料的应用需要分析甄别,否则模型校验可能走向反面。本次模型率定验证思路及主要步骤如下(图 7-5)。

(1)管网模型资料的拓扑分析和纠错。

(2)监测资料的梳理、分析及筛选。

(3)水文产汇流参数的分析与检验。

(4)管道水力条件的校验与参数的分析。

(5)模型率定和验证后的精度分析。

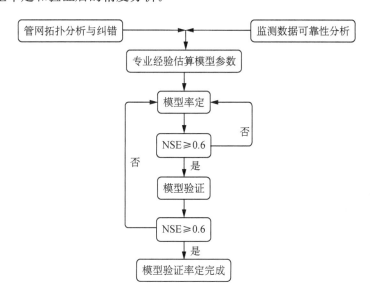

图 7-5　模型率定与验证思路

注:NSE 全称 Nash-Sutcliffe Efficiency Coefficient,纳什效率系数。

7.3.2　监测数据分析

1. 降雨监测数据

对 F 区范围内 22 个雨量站点气象数据进行下载与处理分析,数据来自深圳市气象局(台)官网。F 区全流域内降雨空间分布不均,根据 22 个气象站站点位置信息,将 F 区划分为 22 个降雨片区。

2. 液位监测数据

共收到 77 处监测点数据,包含 39 处管网液位监测数据(32 处污水管网、7 处雨水管网液位监测数据)、22 处排口液位监测数据、14 处泵站前池液位监测数据和 2 处污水处理厂泵坑液位监测数据。监测数据时段为 2020 年 7 月 1 日—12 月 31 日,监测数据时间步长为 5 min,不同监测点数据缺失情况不同。

对收到的数据中 2 h 内无监测数据的数值进行插补处理,分析统计原始数据的日数据有效率平均值,并梳理监测数据点位与模型节点匹配关系。将监测数据与降雨数据联合分析,管道液位与降雨量的变化趋势高度相似,管道液位峰值与降雨量峰值出现的时间相近。

(1)污水管网液位监测

监测数据共包含 32 处污水管网液位监测点。污水管网监测点按照监测管道管径进行分类,分为大管道监测点和小管道监测点,其中还包括一处小区居民楼管网监测点。

(2)雨水管网液位监测

第二批监测数据共包含 7 处雨水管网液位监测点;其中,有 5 个监测点监测数据完整率较高,另外 2 个监测点数据缺失较严重。

(3)泵站前池液位监测

共收集 14 处泵站前池液位监测数据,2 处污水处理厂泵坑液位监测数据。

(4)排口液位监测

收集 22 个排口监测点监测数据,排除与雨水系统无关(2 个河流补水监测点)的监测点,剩余 20 个排口监测点。排口监测点主要分布在深圳河上,有 13 个排口监测点;但因深圳河并未概化进模型,深圳河排口液位监测数据不能用于模型校验,但可以对雨水系统末端排口水位数据设置提供参考。

3. 流量监测数据

F 区内共有污水处理厂 F 与污水处理厂 B 两个污水处理厂,共收集 2020 年两个污水处理厂全年污水处理小时级流量数据。以污水处理厂 F 为例,其现状规模为 40 万 m^3/d,2020 年进水口日观测流量如图 7-6 所示,污水处理厂日观测流量超过现状规模的时间主要集中在 6—10 月。

选取 2020 年旱天 7 月 14 日、12 月 31 日,雨天 7 月 1 日、8 月 5 日和 10 月 13 日作进水口观测流量过程分析。经统计,7 月 14 日全天污水总量为 46.27 万 m^3,12 月 31 日全天污水总量为 35.03 万 m^3。该污水处理厂夏季旱天较冬季旱天的污水量大大增加,夏季旱天甚至出现超负荷运行情况。小雨天 10 月 13 日 1:00 及之后 24 h 内,该污水处理厂污水总量为 47.38 万 m^3;中雨天 7 月 1 日 11:00 及之后 24 h 污水总量 46.60 万 m^3;大雨天 8 月 5 日 5:00 及之后 24 h 污水总量 45.80 万 m^3。这表明降雨情况下,该污水处理厂出现污水总量超负荷运行情况,雨天时,雨水混入对污水管网及污水处理厂运行造成了一定影响,但降雨量大小对污水处理厂水量影响程度不大,污水量变化较小。

图 7-6　2020 年污水处理厂 F 进水口日观测流量

7.3.3　污水模型率定与验证

1. 污水管网模型率定

选取夏季旱天 2020 日 7 月 14 日进行污水管网模型率定,率定的对象主要包括污水处理厂 B 的水位及流量、泵站水位、污水处理厂 F 水位及流量。其中,污水处理厂 B 水位及流量的模型模拟结果与实测值对比如图 7-7 所示。

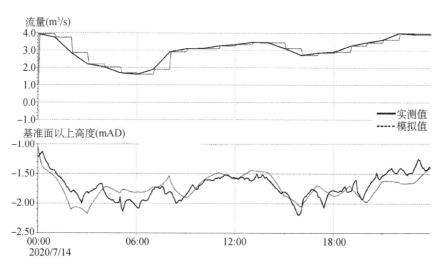

图 7-7　污水处理厂 B 率定模拟结果与实测值对比

2. 污水管网模型验证

选取冬季旱天 2020 年 12 月 31 日进行污水管网模型验证,验证的对象主要包括污水处理厂 B 的水位及流量、泵站水位、污水处理厂 F 的水位及流量。污水处理厂 B 的水位及流量的模型模拟结果与实测值对比如图 7-8 所示。

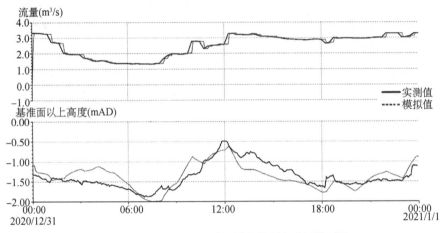

图 7-8　污水处理厂 B 验证模拟结果与实测值对比

7.3.4　雨水模型率定与验证

1. 雨水管网模型率定

选取 2020 年 9 月 12 日进行雨水管网模型率定,率定的对象主要包括四个监测点的水深。根据雨水管网率定统计结果,四个监测点的水深纳什效率系数分别为 0.675、0.814、0.866 和 0.848,均在 0.65 以上,满足纳什效率系数大于 0.6 的要求。

2. 雨水管网模型验证

选取 2020 年 8 月 12 日进行雨水管网模型验证,验证的对象主要包括四个监测点水深。根据雨水管网验证统计结果,四个监测点的水深纳什效率系数分别为 0.77、0.81、0.65 和 0.75,均在 0.65 以上,满足纳什效率系数大于 0.6 的要求。

7.3.5　水质模型合理性说明

由于目前不同下垫面在降雨下的降雨径流污染水质监测数据缺失,以及降雨径流进入管网可能冲刷管道沉积污染物进入河道的排口水质监测数据相应缺失,陆域的污染物随着管道冲刷入河模型参数采用经验数值。其中,地表沉积物累积系数取值 25 kg/(hm² · d),衰减系数取值 0.08。地表沉积物侵蚀参数与降雨强度有关,降雨强度越大,从地表累积沉积物侵蚀出的 TSS(Total Suspended Solids,总悬浮固体)越多,TSS

侵蚀系数为

$$Ka(t) = C_1 i(t) C_2 - C_3 i(t) \tag{7-8}$$

式中,$i(t)$ 为降雨强度;C_1、C_2、C_3 的取值分别为 10^7、2.022、29。

被侵蚀进入管网的 TSS 上附着的污染物(COD 计)的效能因子采用

$$K_{pn} = D_1(IMKP - D_2)D_3 + D_4 \tag{7-9}$$

式中,$IMKP$ 为 5 min 内的最大雨强;D_1、D_2、D_3、D_4 的取值分别为 1.47、0、0.419、0.001。

由于暂缺河道水质数据,模型中假设河道水质为《地表水环境质量标准》(GB 3838—2002)中所规定的地表水 V 类标准,以 COD 为指标,设定河道水质中 COD 初始浓度值为 35 mg/L,降解系数设为 0.1 mg/(L·d),来模拟河道收纳面源污染入河后的水质变化。

通过上述的参数设置,在小雨、中雨情形下,模拟的河道 COD 随着降雨冲刷带来面源污染入河后,随着降雨,COD 呈现初期浓度逐渐增高、降雨中后期浓度逐渐下降的特征,符合河道的水质变化实际情况。另外,在连续降雨情形下,模拟的河道 COD 在第一场降雨后浓度显著增高,在后续降雨中低于第一场降雨后的模拟浓度。这符合第一场降雨将地表和管网中较多污染物冲刷入河,后续降雨冲刷入河的污染物负荷少于第一场降雨的污染物负荷的特征。由于河道水质模拟不仅着眼于河道本身,而且需要关注陆域降雨径流污染入河的量和时空特征,在目前的条件下,因大量监测数据缺失,故采用当前经验参数的模拟方法反映河道水质变化的趋势特征。

7.4 排水管网现状评估

7.4.1 污水管网旱天现状评估

项目中对污水管网的夏季和冬季均进行了旱天工况现状评估。下面将以夏季为例,叙述污水管网旱天工况现状评估的内容和结果。

选取管径大于 500 mm、坡度小于 1/1 000 的管道,分别按照最大流速 0.1 m/s、0.6 m/s 划分为高、中风险,其余为低风险。选取典型夏季旱天 2020 年 7 月 14 日进行工况模拟,分析污水管网淤积风险。结果显示,夏季旱天情况下 F 区污水管网大部分处于低淤积风险范围,长度为 685.34 km,占比约 87.97%,中、高淤积风险管网长度分别为 76.15 km 和 17.29 km,占比分别为 9.8% 和 2.23%。

分析典型夏季旱天 2020 年 7 月 14 日工况下的污水管网运行充满度情况。结果显示,夏季旱天情况下 F 区污水管网大部分的充满度符合设计要求,约 70% 的管道充满度低于 0.55,仍存在约 21% 的污水管道超负荷运行。各充满度下管径分布占比见表 7-6。

表 7-6　夏季旱天 24 h 各充满度下管径分布

充满度	管径分段	长度(km)	总长(km)	占比
<0.55	≤500	441.83	550.60	70.70%
	>500 且≤900	67.57		
	>900 且≤1 200	15.10		
	>1 200	26.10		
≥0.55	≤500	22.73	34.23	4.40%
	>500 且≤900	6.12		
	>900 且≤1 200	4.10		
	>1 200	1.28		
≥0.75	≤500	13.38	23.73	3.05%
	>500 且≤900	4.19		
	>900 且≤1 200	2.18		
	>1 200	3.97		
≥1	≤500	111.37	170.22	21.85%
	>500 且≤900	37.45		
	>900 且≤1 200	9.99		
	>1 200	11.41		
总计		778.78	778.78	100.00%

7.4.2　污水管网雨天现状评估

本项目对污水管网在小雨、中雨和大雨三种工况下的现状进行评估。本小节将以小雨为例,介绍污水管网雨天现状评估内容与结果。选取管径大于 500 mm、坡度小于 1/1 000 的管道,按照最大流速 0.1 m/s、0.6 m/s 分别划分为高、中风险,其余为低风险。选取典型小雨天 2020 年 10 月 13 日进行工况模拟,分析污水管网淤积风险。结果显示,小雨工况下 F 区污水管网大部分处于低淤积风险范围,管网长度为 689.27 km,占比约 88.51%,中、高淤积风险管网占比为 11.49%。

分析典型夏季小雨天 2020 年 10 月 13 日(日降雨量 9.72 mm)工况下,污水管网运行充满度情况。结果显示,F 区污水管网大部分充满度符合设计要求,73% 的管道充满度低于 0.55,仍存在 20% 的污水管道超负荷运行。

7.4.3　雨水管网排水能力评估

在不同降雨重现期短历时设计降雨条件下,对现状雨水系统进行了模拟,根据管道承压情况对管道过流能力进行评估,将现状排水管网排水能力划分为四个区间,为进一步优化改造提供参考。F 区范围内,排水能力小于 2 年一遇的管网长度为 415 km,占比约 53%;排水能力 2~5 年一遇的管网长度为 70 km,约占总管长的 9%;排水能力 5~10 年一遇的管网长度为 42 km,约占比 5%;而排水能力大于 10 年一遇的管道长度为 254 km,约占总管长的 33%。进一步地,可对各水务所、各街道的排水管道能力进行统计分析。该区 4 个水务所的排水管道不满足 2 年一遇标准的占比分别为 55%、62%、45% 和 48%。有两个街道不满足 2 年一遇标准的排水管道占比分别为 59%、62%,长度分别为 70 km、58 km,在 F 区的 10 个街道中情况最严重。满足各重现期下的管径统计见表 7-7。

表 7-7　满足各重现期下的管径统计表

管径(mm)	长度(km)			
	小于 2 年一遇	2~5 年一遇	5~10 年一遇	大于 10 年一遇
≤600	253	39	25	165
>600 且≤1 200	124	22	13	57
>1 200 且≤1 500	19	4	2	8
>1 500	19	6	3	23
总长度(km)	415	70	42	254

7.4.4　雨水管网淤积风险

雨水管网淤积风险划分原则:根据 2 年一遇 2 h 模拟结果,坡度小于 1/1 000 的管道按照最大流速 0.25 m/s、0.5 m/s、0.75 m/s 进行高、中、低风险等级划分。小于 0.25 m/s 为高风险,0.25~0.5 m/s 为中风险,0.5~0.75 m/s 为低风险,大于 0.75 m/s 则为无风险。经风险评估,F 区内存有淤积风险的管道长度为 68.12 km,占全部管网的 8.75%。低风险管长为 25.90 km,占总管网的 3.33%;中风险管长为 19.07 km,占总管网的 2.45%,高淤积风险的管道占总管网的 2.97%,管长为 23.15 km。

7.4.5　内涝风险评估

1. 内涝淹没情况评估

本次针对 50 年一遇、100 年一遇 2 h 降雨的模型进行内涝风险评估。根据积水深度、积水范围及涝水量等信息,统计内涝风险分布。

50 年一遇 2 h 设计降雨下,总淹没面积为 10.45 km²,占城排区总面积的 14.11% 左右,总涝水量为 212.62 万 m³。积水深度小于 0.15 m 的面积为 6.57 km²,占城排区总面积的 8.87%;积水深度在 0.15~0.5 m 的面积为 2.89 km²,占城排区总面积的比例为 3.90%;积水深度在 0.5~1.0 m 的面积为 0.74 km²,占城排区总面积的比例为 1.00%;

积水深度大于 1.0 m 的面积为 0.25 km²,占城排区总面积的比例为 0.33%。

100 年一遇 2 h 设计降雨下,总淹没面积为 11.42 km²,占城排区总面积的 15.42% 左右,总涝水量为 246.62 万 m³。积水深度小于 0.15 m 的面积为 6.99 km²,占城排区总面积的 9.44%;积水深度在 0.15~0.5 m 的面积为 3.23 km²,占城排区总面积的比例为 4.36%;积水深度在 0.5~1.0 m 的面积为 0.9 km²,占城排区总面积的比例为 1.21%;积水深度大于 1.0 m 的面积为 0.31 km²,占城排区总面积的比例为 0.42%。

2. 内涝风险等级评估

F 区所在地区的排水(雨水)防涝综合规划中,内涝评估标准相关内容如下。

(1)内涝灾害标准

① 积水时间超过 30 min,积水深度超过 0.15 m,积水范围超过 1 000 m²;

② 下凹桥区,积水时间超过 30 min,积水深度超过 0.27 m。

以上条件同时满足时才称为内涝灾害;否则为可接受的积水,不构成灾害。

(2)内涝风险评估方法

采用水力模型进行内涝风险评估,综合考虑事故频率及其后果等级进行内涝风险区划。事故频率采用 5 年、10 年、20 年、50 年、100 年五个设计重现期,事故后果等级综合考虑积水深度、区域敏感性等因素。通过评估五个事故频率下的内涝事故后果等级,经加权计算确定各个内涝风险区的风险等级,计算过程见表 7-8 和表 7-9。

表 7-8 内涝风险等级区划过程

分值	10	7.5	5	2.5
积水深度(A)	≥50 cm	40 cm	27 cm	15 cm
区域敏感性(B)	下立交桥、低洼区、地铁口、地下广场展馆、学校、民政	生态/城建交界区政府、交通干道、城市商业区、重要民生市政设施	一般地区	生态较多的地区
后果等级	小	中等	严重	重大
$Z = A \times B$	10	50	70	100

表 7-9 内涝风险区的风险等级

内涝等级＝$Z \times P$	后果等级(Z)	小	中等	严重	重大
事故频率(P)		10	50	70	100
100 年	1	10	50	70	100
50 年	2	20	100	140	200
20 年	3	30	150	210	300
10 年	4	40	200	280	400
5 年	5	50	250	350	500

根据上述计算方法得出,F区内涝高风险区面积为 0.69 km²,占流域总面积的 0.93%;内涝中风险区面积为 1.78 km²,占流域总面积的 2.40%;内涝低风险区面积为 2.41 km²,占流域总面积的 3.26%。总计 4.88 km²,占流域总面积的 6.59%。

7.4.6　超标雨水行泄通道分析

F区在短历时设计降雨 100 年重现期模拟结果下,形成 8 条明显的泄洪通道。

7.4.7　流域面源污染负荷分析

通过流域面源污染负荷分析计算每个子流域的不同下垫面所产出的面源 COD 污染负荷,计算范围包括 F区的 7 个子流域:BJ 河流域、FT 河流域、FH 河流域、HQ 片区、HG 河流域、LZ 河流域、XZ 河流域。计算使用小雨(12.5 mm)、中雨(22.7 mm)和大雨(65.7 mm)三个降雨过程,并对每个降雨过程结合 EMC 计算每种下垫面径流污染影响。本项目共对裸地、绿地、硬地、建筑、道路以及水体六种下垫面进行分析。EMC 指次降雨径流污染的平均浓度,即一次径流污染中污染物流量加权的平均浓度,也可理解为污染物总量与径流量之比。

$$EMC = \frac{\sum Q_i C_i}{\sum Q_i} \tag{7-10}$$

式中,Q_i 为第 i 时段产生的径流量;C_i 为第 i 时段内径流量所含的 COD 浓度。

流域面源污染负荷分析需要提取每种下垫面在每个子流域内的对应面积,如表 7-10 所示。

表 7-10　下垫面面积

流域	下垫面面积(km²)					
	裸地	绿地	硬地	建筑	道路	水体
HQ 片区	0.22	0.72	0.46	0.30	0.55	0.02
FH 河流域	1.63	6.95	3.02	2.47	3.02	1.06
XZ 河流域	1.46	11.45	3.66	3.36	3.65	1.09
HG 河流域	0.28	1.04	1.12	0.93	1.36	0.15
FT 河流域	1.73	7.26	2.91	2.04	2.85	0.54
BJ 河流域	0.05	0.40	0.35	0.40	0.40	0.00
LZ 河流域	0.30	1.28	1.11	1.19	1.02	0.23

每种下垫面对每一场降雨有不同的 EMC 值,用来评估在不同降雨量下 COD 负荷的情况。根据 EMC 值(表 7-11)与下垫面面积,计算每种下垫面的面源污染负荷

（表 7-12）。须注意,水体不纳入面源污染负荷范围。

表 7-11 *EMC* 值

降雨类型	裸地	绿地	硬地	建筑	道路
小雨	80	30	100	70	350
中雨	60	25	75	55	100
大雨	40	20	50	40	50

表 7-12 下垫面面源 COD 污染负荷

降雨类型	流域	下垫面面源 COD 污染负荷(kg)				
		裸地	绿地	硬地	建筑	道路
小雨	HQ 片区	32.41	26.96	170.94	118.78	1 088.49
	FH 河流域	245.12	260.61	1 133.27	972.55	5 939.38
	XZ 河流域	219.61	429.50	1 372.84	1 323.53	7 188.24
	HG 河流域	41.85	38.81	420.22	365.22	2 675.73
	FT 河流域	259.60	272.27	1 091.34	804.89	5 605.83
	BJ 河流域	7.38	14.89	131.49	156.95	787.03
	LZ 河流域	44.39	48.02	418.03	470.22	2 015.98
中雨	HQ 片区	58.86	61.20	271.62	188.31	627.52
	FH 河流域	445.14	591.58	1 800.76	1 541.87	3 424.10
	XZ 河流域	398.81	974.96	2 181.44	2 098.31	4 144.08
	HG 河流域	76.00	88.10	667.74	579.02	1 542.58
	FT 河流域	471.43	618.05	1 734.14	1 276.07	3 231.81
	BJ 河流域	13.39	33.80	208.93	248.83	453.73
	LZ 河流域	80.61	109.00	664.25	745.49	1 162.23
大雨	HQ 片区	141.96	188.94	673.83	515.30	1 180.55
	FH 河流域	1 073.62	1 826.34	4 467.34	4 219.19	6 441.68
	XZ 河流域	961.89	3 009.93	5 411.73	5 741.83	7 796.16
	HG 河流域	183.29	272.00	1 656.52	1 584.42	2 902.02
	FT 河流域	1 137.04	1 908.07	4 302.05	3 491.85	6 079.92
	BJ 河流域	32.30	104.35	518.32	680.90	853.59
	LZ 河流域	194.42	336.52	1 647.86	2 039.96	2 186.47

统计 7 个流域面源 COD 污染负荷(表 7-13),计算流域面源 COD 污染负荷

$$COD = \sum A_i R_i EMC_i r \tag{7-11}$$

式中，A_i 为第 i 个下垫面面积；R_i 为第 i 个下垫面的径流系数；EMC_i 为第 i 个下垫面的 EMC 值；r 为降雨量。

表 7-13　流域面源 COD 污染负荷统计

流域分区	流域面源 COD 污染负荷(kg)		
	小雨(12.55 mm)	中雨(22.7 mm)	大雨(65.7 mm)
HQ 片区	1 437.58	1 207.51	2 700.58
FH 河流域	8 550.92	7 803.45	18 028.17
XZ 河流域	10 533.72	9 797.61	22 921.54
HG 河流域	3 541.83	2 953.43	6 598.26
FT 河流域	8 033.93	7 331.50	16 918.93
BJ 河流域	1 097.73	958.68	2 189.46
LZ 河流域	2 996.63	2 761.57	6 405.23
合计	36 192.34	32 813.75	75 762.16

7.5　水质模型现状评估

7.5.1　水动力特征分析

对 F 区内几条主要河道和暗渠开展水动力特征分析，并以其中一条河流为例。

在小雨事件中，该河上游河段最小流速约为 0.01 m/s，在降雨峰值出现后约 10 min 达到最大流速 0.56 m/s。

中游河段最小流速约为 0.06 m/s，其最大流速的出现时间较上游河段延后约 10 min，最大流速约 0.58 m/s。

下游河段由于靠近河口，其流速变化主要受闸门运行状态影响，且受潮位影响会出现往复流。下游河段最小流速约 0.04 m/s，最大流速约 0.3 m/s。

中雨和大雨事件下的分析内容相似，不再赘述。

7.5.2　典型断面水质评估

水质模拟采用累积冲刷模型。由于暂缺河道水质数据，模型中假设河道水质为《地表水环境质量标准》(GB 3838—2002)所规定的地表水 V 类标准，以 COD 为参考，设定河道水质 COD 初始浓度值为 35 mg/L。

在分析河道典型断面水质特征时，针对 FT 河和 XZ 河的明渠段，分别在其上、中、下游的典型河段中选择典型河道断面,分析其在不同的典型场次降雨事件中的水质变化情况。以 FT 河为例,在小雨事件中,降雨前河道断面的 COD 浓度均为 35 mg/L,即设定的初始状态浓度值。降雨发生后,晴天累积的面源污染物随雨水径流被冲刷进入河道,COD 浓度显著升高,并出现峰值。随着降雨的持续进行,汇入河道的流量增加,COD 浓度值开始下降。在降雨结束后,COD 浓度值则慢慢趋于稳定。上游河道断面 COD 最大浓度值约 450 mg/L,浓度变化的持续时间约 3 h,在降雨结束后约 2 h 恢复到降雨前浓度;中游河道断面 COD 最大浓度值约 205 mg/L,浓度变化的持续时间约 3 h,在降雨结束后约 2 h 恢复到降雨前浓度;下游河道断面 COD 最大浓度值约 72 mg/L,浓度变化的持续时间约 2 h,在降雨结束后约 1 h 浓度趋于稳定。

7.6 污水预案模拟与评估

7.6.1 管网运行评估

管网运行评估包括两方面内容:一是管网淤积风险评估,二是管网运行充满度评估。管网淤积风险划分原则:选取管径大于 500 mm、坡度小于 1/1 000 的管道,按照其最大流速 0.1 m/s、0.6 m/s 分别划分为高、中风险,其余为低风险。管网运行充满度划分为四档,分别为小于 0.55、大于等于 0.55 且小于 0.75、大于等于 0.75 且小于 1 以及大于等于 1。项目中分别研究了三种预案工况:①污水按 1.1 倍入流;②污水按 1.2 倍入流;③污水按 1.3 倍入流。以预案工况①为例,预案工况①选取夏季 2020 年 7 月 14 日的 1.1 倍污水入流为条件进行工况模拟。结果显示,在预案工况①下,F 区污水管网大部分处于低淤积风险范围,管网长度为 685.72 km,占比为 88.29%,中、高淤积风险管网长度分别为 76.04 km 和 14.91 km。

在污水渗入量 10% 的情况下,夏季旱天时,F 区污水管网大部分的充满度符合设计要求,68% 的管道充满度低于 0.55,仍存在 25% 的污水管道超负荷运行。各充满度下各管径分布占比见表 7-14。

表 7-14　1.1 倍污水入流工况下污水管网充满度统计

管径	不同充满度的管道长度(km)			
	<0.55	≥0.55	≥0.75	≥1
≤500	429.54	22.13	14.55	123.08
>500 且≤900	62.49	6.47	4.84	41.53
>900 且≤1 200	13.06	4.14	2.96	11.23
>1 200	22.48	2.29	1.66	16.33

管径	不同充满度的管道长度(km)			
	<0.55	≥0.55	≥0.75	≥1
总长(km)	527.57	35.03	24.01	192.17
占比	67.74%	4.50%	3.08%	24.68%

7.6.2 污水处理厂负荷状态分析

水质净化厂F及水质净化厂B现状规模分别为40万 m^3/d、30万 m^3/d。

选取夏季2020年7月14日,以预案工况①进行模拟,水质净化厂F进厂污水总量模拟结果为43.71万 m^3/d,水质净化厂B进厂污水总量模拟结果为28.01万 m^3/d,运行负荷率分别为109.3%、93.4%;以预案工况②进行模拟,水质净化厂F进厂污水总量模拟结果为46.50万 m^3/d,水质净化厂B进厂污水总量模拟结果为30.48万 m^3/d,运行负荷率分别为116.3%、101.6%;以预案工况③进行模拟,水质净化厂F进厂污水总量模拟结果为47.76万 m^3/d,水质净化厂B进厂污水总量模拟结果为32.76万 m^3/d,运行负荷率分别为119.4%、109.2%。

7.6.3 污水管网冒溢分析

在预案工况①下,污水管网冒溢点共有100个,冒溢水量约0.06万 m^3;在预案工况②下,污水管网冒溢点416个,冒溢水量约为0.43万 m^3;在预案工况③下,污水管网冒溢点702个,冒溢水量约为0.93万 m^3。

夏季2020年7月14日,以预案工况①进行模拟,冒溢点零星分布,冒溢点多集中在FT河及SZ河沿线。在预案工况②和预案工况③下,冒溢点数量增加较多。

第8章

案例三：污水系统提质增效项目 A

8.1 项目概况

L区在城镇排水系统提质增效的前期工作中，还存在认识不到位、目标不合理、策略不清晰、措施不得当等问题。针对以上问题，紧扣国家提质增效相关文件，并结合排水系统提质增效排查与评估项目"一厂一策"系统化整治工程，提出了全维度评价方法，为全国城镇排水系统提质增效整治提供可复制、可推广的经验。

本项目按照"全面排查、系统评估、厂网源河全维度评价"的方法，以目标为导向，以排查、水质水量监测及CCTV检测为手段，从厂、网、源、河四个维度，结合多种分析方法，厘清核心问题，提出针对性的解决思路（图8-1）。

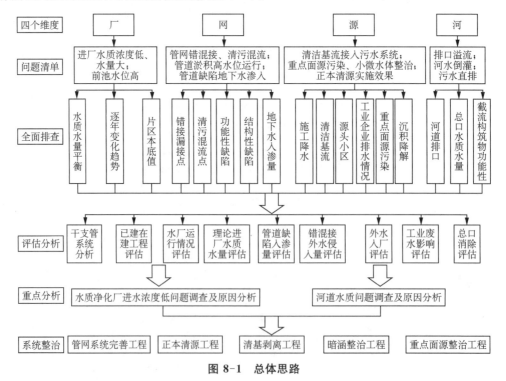

图8-1 总体思路

8.2　全面排查

8.2.1　污水处理厂调查

1. 现场调研

通过前期调研、资料收集、现场调查,获取污水处理厂的进水和出水的水质水量资料,对水质水量进行定量分析。

(1) 水质、水量及工艺调查

调查获得污水处理厂水质、水量及工艺资料。

(2) 取样点调查

调查获得污水处理厂的进水来源、进水管路、BOD_5 混合取样点(厂区自行采样点)位置以及厂内生活、生产废水的收集处理情况。

(3) 取水口、溢流口、出水口调查

调查获得污水处理厂河道取水口、溢流口、出水口的位置、管径、管底标高。

2. 水量分析

(1) 污水量分析

对服务范围内的供水厂进行调查,获得用水量(生活用水、工业企业用水)数量。污水量为用水量乘以产污系数,生活用水产污系数取 0.9,工业企业用水产污系数取 0.8。

(2) 进厂水量分析

通过污水量与实际进厂水量之间的差别,分析进厂外水水量。

3. 水质分析法

(1) 水质指标包括 COD_{Cr}、BOD_5 和氨氮。

(2) 进水水质分析。

检测进厂水质,获取水质数据。对比 2017—2019 年进水 BOD_5 浓度,分析浓度变化原因。

8.2.2　管网部分排查

管网部分排查对象主要包括市政管线、市政暗涵及截流井。

1. 市政管线排查

市政管线排查内容为市政管道的平面位置、管道高程及尺寸、缺陷情况、错混接情况以及相应的水质水量监测。

(1) 管线探测长度

共完成存量管网探测 1 034.89 km。按区域划分,分为市政管网 308.18 km、城中村及小区管网726.71 km。按管道属性划分,分为污水管网429.85 km、雨水管网592.39 km以及合流管网12.65 km。

(2)管道缺陷排查

采用CCTV检测,确定管道内部缺陷的类型、尺寸和形态。本项目中该部分排查工作包括:①对在2016—2018年已实施CCTV检测且存在一、二级管道缺陷的市政管网,按10%比例进行抽检复核;②对经水质水量平衡分析确认疑似缺陷的管线以及管养单位提供的问题管段,开展检测工作。

(3)管网错混接排查

错混接排查采用资料分析、现场调查与仪器检测(CCTV、QV)相结合的方式。结合物探管网资料初步确定混接点位置后,对其进行现场探查,查明混接位置与混接情况,记录管道属性、连接关系、材质、管径等信息,并实地标记。

(4)末端满水管道排查

采用电法测漏检测设备对渗漏情况进行普查,确定渗漏点的分布位置,并采用水下无人潜航器搭载声呐对管道内的错口、缺陷进行全面检查,查明缺陷的类型、尺寸、形态等特征。

(5)水质水量监测

通过在市政污水管道系统设置监测点,获取水质水量数据,分析并筛选出外水重点入流管段,进一步缩小CCTV检测管段范围。水质水量监测位置包括分区控制点、干(支)管重要节点、干(支)管接驳位置和所有排口接入点。水质指标主要包括BOD_5、COD、NH_3-N,监测方法为快速检测试纸、国标法。水量监测使用多普勒超声波流量计、流速仪、雷达波测速仪及容积法。

2. 市政暗涵排查

市政暗涵排查内容为暗涵的结构状况,排口数量、位置、属性等基本情况以及排口溯源。

(1)暗涵基本情况排查

本项目调查采用的主要技术手段为三维激光扫描和智能暗涵检测系统;若以上技术受限,则借助CCTV检测手段进行探测。

(2)暗涵排口溯源排查

通过分析和梳理已有排口排查资料及现状管网资料成果,初步了解排口及上游排水系统。现场排查主要通过开井目视探查,获取排口上游排水系统管涵的走向、水流方向等信息;采用CCTV、QV等检测技术进行辅助排查,追溯至上游来源。溯源如发现清洁水接入,须做水质水量快速检测。排口溯源排查宜在持续3个旱天后进行。

3. 截流井排查

截流井排查内容为截流设施的类型、尺寸、堰高和槽深等以及溯源排查,并备注防倒灌设施相关信息。排查方法主要为现场实地调查法。截流井溯源方法参考市政暗涵排口溯源排查方法。溯源如发现清洁水接入,须做水质水量快速检测。

8.2.3 源头部分排查

源头部分排查内容为排水小区排查、清洁基流排查和工业废水调查。

1. 排水小区排查

排水小区排查内容为管道排查、缺陷检测及水质水量监测。本项目排水小区排查范围为 2020 年实施改造的城市更新区以外的小区。

(1) 小区排水管网排查

排查方法参考市政管线排查方法。

(2) 管道缺陷检测

采用 QV 检测管道内部缺陷,检测对象为排水小区管网中管径大于 200 mm 的排水管线。

(3) 水质水量监测

分别在生活小区、城中村接驳口取水样,检测其 COD、氨氮以及 BOD_5 三个指标。水样为 24 h 连续检测,每隔 4 h 取样 1 次,共取 6 次。取 6 个水样分别检测后的平均值作为 COD 与氨氮的本底值,取 6 个水样混合后的混合水样值作为 BOD_5 的本底值。

2. 清洁基流排查

(1) 资料收集及分析:对前期收集的资料进行分类归集,核查其完整性、可信度和可利用程度,形成完整的水系图。

(2) 现场调查及测量:根据水系分布,对每条水系从源头至末端进行实地调查,获取清洁基流的位置、来源、去向、水深、水量和水质等信息,位置通过 RTK 定位;旱季清洁基流的水深超过水断面水深时用测杆测量,过水断面宽度用钢尺测量,流速采用便携式流速测算仪测量。

(3) 水质检测:通过现场采集水样,送实验室进行氨氮和 COD 浓度检测。

3. 工业废水调查

(1) 工业企业调查

通过现场调查,收集各工业企业基本信息,包括工业类型、排水类型、企业位置、用水量、排水出路、生产时间、是否具有污水处理设施以及运行时间等,形成调查成果表,并在 CAD 图中进行标注。

(2) 水质水量监测

工业企业有如下筛选原则。

① 根据工业企业废水调查结果,筛选出有工业废水排放的企业名单。

② 根据 2017—2019 年工业企业用水量数据,对上述名单进行排序,并选取总用水量前 80% 的企业;缺少 2017—2019 年用水量数据的,采用企业调查成果表数据。

③ 在企业名单中补充列入重点监管企业和有废水处理设施的企业。

④ 列入排查过程中发现的其他需要监测的工业企业。

水质监测有 COD、氨氮、BOD_5 三项指标。

监测频次:在排水时段内,每 4 h 进行 1 次水质水量监测。

监测时间:用水量 1 000 m^3/d 以上的企业监测 3 d,每监测 1 d,原则上间隔 5 d,之后再监测 1 d,可根据现场情况适当调整;日用水量 1 000 m^3/d 以下的企业,在工作日进行连续 1 d 的监测。

BOD_5 采样频次:每 24 h 取混合样,按流量大小等比例混合。

监测位置设置原则为:

① 有废水处理设施的,在废水处理设施排口处进行监测;

② 无废水处理设施的,在工业废水排口处进行监测。

8.2.4　河道部分排查

河道部分排查对象为河道明渠的排口、河道暗涵及其排口。

1. 明渠排口排查

排查内容为排口的尺寸、材质、类型、水深、流量、水质等以及排口溯源。排查方法主要为前期收集资料和现场调查。现场调查过程中,在工作底图上标识并填写排口调查表,初步确定排口类型,后期根据管网、溯源和截流井排查成果进行修正。

2. 暗涵排查

暗涵排查内容为暗涵的结构尺寸,暗涵排口的数量、位置、属性以及排口溯源。排查方法参考市政暗涵排查方法。

3. 河道水质检测

对排查区域内河流的上、中、下游进行采样检测,水质指标包括 COD、氨氮及 BOD_5,采用国标法及快速检测试纸检测。

8.3　评估分析

8.3.1　外水入厂评估

1. 评估思路

采用逆向溯源＋正向排查的总体思路(图 8-2),排查内容有水质水量连续监测、外水快检溯源、清洁基流调查、工业废水调查、施工降水排查、CCTV 检测和错混接调查等。

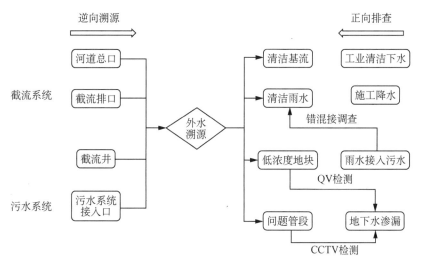

图 8-2　评估思路

2. 评估路线

（1）逆向溯源

根据水质监测数据绘制管网污染物浓度色阶图,分析问题类型与水质特征如下。

① 浓度异常低区域:河水、清洁基流、低浓度工业水、施工降水、自来水漏损。

② 浓度突变管段:往往对应外水入侵点。

③ 清洁外水:COD、氨氮同步降低。

④ 工业废水:COD、氨氮变化规律不一致。

⑤ L 区管网浓度特征:干管沿程浓度均较低,COD 范围为 60～200 mg/L;污水次支（干）管浓度较高,原因是干管沿线有多处总口直接接入,稀释干管污染物浓度。

（2）正向排查

正向排查各类清洁外水是否进入污水系统,分以下四道侦查线逐层分析:

第一侦查线:调查 L 区范围内 5 座公园、5 座山体、4 处小湖塘库、2 条水库泄水通道和 3 条河流沟汊、截洪沟。合计排查 19 处绿斑及水文地貌。

第二侦查线:绿斑周围 50 m 管线共排查 176 个节点,其中 5 个节点存在基流进入。

第三侦查线:绿斑附近低浓度小区 7 个,其中由于绿斑基流导致低浓度的小区 2 个。

第四侦查线:绿斑周围市政管线浓度变化情况分析。

3. 评估结论

L 区污水处理厂旱季理论外水量 1.90 万 m³/d,需要查明的外水量为 1.53 万 m³/d,目前已查明外水 1.49 万 m³/d,总和达到需查明外水量的 97.4%。其中,清洁基流

11 200 m^3/d,施工降水 771 m^3/d,可分流地下水 1 300 m^3/d,暗涵地下水 800 m^3/d,3、4级管道缺陷入渗的地下水 400 m^3/d,自来水渗漏 361 m^3/d。

8.3.2 污水入河评估

1. 评估路径

沿河道水质→排口→溯源→源头小区的梳理路径,系统诊断污水入河问题(图 8-3)。

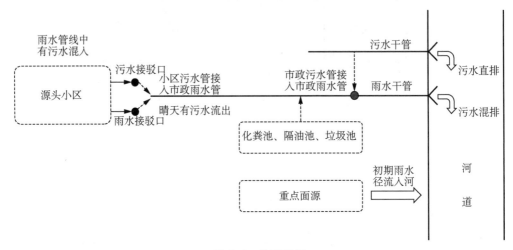

图 8-3 梳理路径

2. 评估分析

(1)河道水质

旱、雨季水质概况:根据当地有关部门 2019 年 1 月—2020 年 4 月"一周一测"水质监测结果,E 河下游某断面处、M 河库尾河道水质的氨氮指标浓度均值分别为 6.12 mg/L、3.66 mg/L。从各项水质指标折线图可以看出,旱季河道水质较好,雨季河道水质较差。

水质变化分析:L 区污水处理厂范围内雨季降雨频发时,溢流导致进厂污染负荷较旱天减少 27%,即 27% 的污水进入河道,严重影响河道的水质。

2020 年,河道综合整治工程及河道维护管养工作正在深入推进,旱天水质保障率高,年底须重点解决总口等截流设施导致的溢流污染问题。

(2)排口

河道明渠段总长 6.06 km,明渠排口 229 个,其中雨水排口 187 个,混流排口 42 个,无污水排口和截流溢流排口。河道暗涵总长 3.13 km,暗涵排口 315 个,其中雨水排口 147 个,污水排口 44 个,混流排口 101 个,截流溢流排口 23 个。对排口进行梳理后发现,L 区污水处理厂范围内河道暗涵的排口分布密度明显高于河道暗涵;明渠段污水排口较少,排口类型主要为雨水排口,占总排口数的 82%;河道暗涵段仍然存在较多的污水排口,占总排口数的 14%。

　　(3)溯源

　　对所有流水的排口进行溯源,溯源路径总长 17.026 km。根据排查及溯源成果,现状污水入河现象主要是集中在靠近河道的城中村、老旧小区等。

　　(4)源头小区

　　共溯源至 28 个问题地块。

8.4　整改措施

8.4.1　系统完善

　　根据雨污管网探查资料梳理,市政道路需要完善的雨水管为 5.486 km,污水管为 8.733 km。梳理出 73 处管线倒坡段;有 161 处变径异常点,长度共计 2.15 km。其中,大管接小管的问题管段在 M 河流域有 72 处,长度共计 1.061 km;在 E 河流域有 89 处,长度共计 1.088 km。

8.4.2　正本清源

　　通过截流井和排口溯源排查成果,结合城中村及小区的分布图,统计已完成实施工程返潮小区 53 个,未实施工程小区 28 个,合计需要正本清源工程的小区为 81 个。

8.4.3　清基剥离

　　拟通过 29 个清基剥离工程,释放清洁基流 28 处,流量共 11 200 m^3/d。其中 M 河流域有 9 个清基剥离工程,释放清洁基流 9 处,流量共 4 534 m^3/d;E 河流域有 20 个清基剥离工程,释放清洁基流 19 处(不含某钢材市场自来水渗漏),流量共 6 666 m^3/d。

　　针对清洁基流直接混入、截流混入、总口混入污水系统等以下三种情况作整改。

　　1. 清洁基流直接混入污水系统的整改

　　部分区域雨水系统不完善,导致清洁基流直接混入污水系统。针对此类情况,应尽快完善市政雨水系统的建设,纠正雨水系统与污水系统的错(混)接关系,将清洁基流通过雨水系统释放到自然水体。清洁基流直接混入污水系统的改造方案见图 8-4。

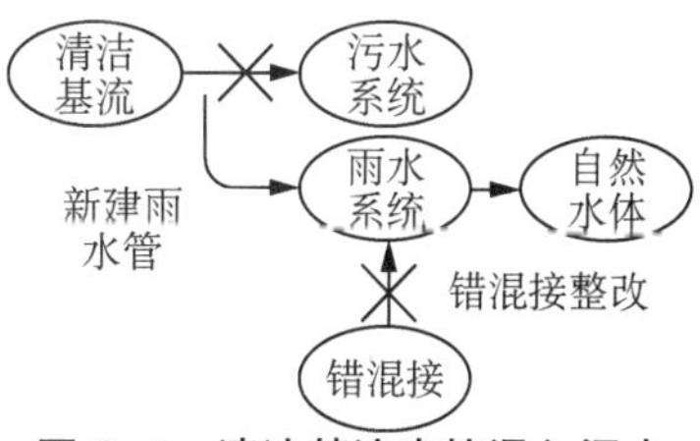

图 8-4　清洁基流直接混入污水系统类型整改方案

　　2. 清水基流通过截流混入污水系统的整改

　　清洁基流通过雨水管道收集排放,因管道存在错混接,污水混入雨水系统。以往工程为确保污水不入河,保证河道水质,在入河前对混流管道进行截流,将混流污水通过截流的方式接入截污系统,最终通过污水系统排入L区污水处理厂。需要对雨水系统存在的错混接情况进行排查及整改,将混入雨水系统的污水剥离改接至污水系统后,将现状截流井改造为雨水井,将雨水系统从截流系统中剥离,释放清洁基流进入河道。清洁基流通过截流混入污水系统的整改方案见图8-5。

3. 清洁基流通过总口混入污水系统的整改

清洁基流进入河道后,最终通过总口混入污水系统。通过管道拓扑关系及排口溯源,理清混入河道的污水来源,对溯源路径中覆盖的服务范围进行实施工程比对及实施效果评估,对未开展正本清源或雨污分流工程的片区,尽快开展相关工程。若河道渠涵两侧接入污水直排口较多,可考虑在河道两侧新建污水管将污水接走,以完成排口整治。待河道暗涵以及两侧排口治理完成且上游水质达标后,可打开河道下游总口,实现清洁基流的释放。清洁基流通过总口混入污水系统的整改方案见图8-6。

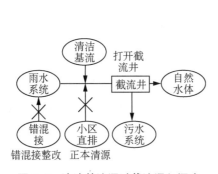

图8-5　清洁基流通过截流混入污水
系统类型整改方案

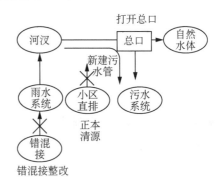

图8-6　清洁基流通过总口混入污水
系统类型整改方案

8.4.4　暗涵整治

对暗涵进行工程清淤,减少内源污染,并在暗涵顶端开清淤孔和人孔,便于后期管理。开孔设置间距为30~40 m。其中,清淤孔用于设备进出、清淤,人孔用于日常检修。清淤长度8 563 m。本次排查范围内小于1.5 m×1.5 m(宽×高)的暗涵,大部分位于居住小区、工厂等内部区域,涵内各类管线无序穿插,附近建筑将污水管随意接入暗涵内部。对于此类暗涵,尽量将其改为相同过流能力雨水管,从而尽量避免管线穿涵的现象。整治建议为2.08 km箱涵改管。

8.4.5　重点面源整治

对问题面源进行整改,合计整改面源280处。其中,农贸市场类12处、餐饮类158处、汽修类98处、垃圾站类12处。

8.5　项目成果

8.5.1　消除污水直排口

经排查分析，目前影响 L 区污水处理厂服务范围内的河道水质的原因主要是排口上游的污水系统、截流系统和雨水系统之间互相作用，使污水排放进入河道。通过相关措施，可实现排水系统之间互相独立，尽可能减少污水进入河道，增加污水收集率，从而改善河道水质。经过雨污分流、错混接整改等工程措施，预测可消除 E 河流域和 M 河流域污水直排口 31 个，消除污水量 2 471.2 m^3/d，消除 COD_{Cr} 容量 252.5 kg/d，消除氨氮 36.7 kg/d。

8.5.2　消除污水收集处理空白区

根据前文对老旧城区污水收集处理的介绍及其建设计划，以及将未列入建设计划的城中村纳入本年度建设项目，全部消除直排口，污水实现"全收集、全处理"，河道无黑臭。

通过雨污分流改造、新建污水管和市政污水管网，将城中村污水收集接入市政污水管网，最终进厂处理。经上述工程措施后，建立完善的排水管网排查修复改造机制，基本完成市政管网修复改造，雨污分流率达到 90% 以上。

8.5.3　提高污水集中收集效能

L 区污水处理厂服务片区现状影响污水收集的主要因素是雨天污水溢流。通过三水分离、错混接整改、总口消除等措施，可大幅降低雨天进入污水系统的雨水量，显著改善雨天溢流问题，进而提升污水收集率。加上对排查过程中发现的问题管段、问题地块及生活污水收集处理设施空白区城中村等采取工程改造措施，可有效提高污水处理厂进水浓度及进水量。以 2019 年为基准，根据剥离的清水量预测进水量及进水浓度，测算污水收集率以提升数据。

可实现城市生活污水集中收集率达到 85%、进水 BOD_5 平均浓度达到 100 mg/L 的目标。项目中，构建了全面排查、系统评估、厂网源河全维度评价的方法体系，实现了排水系统问题全方位、全要素排查诊断。

结果表明，基于排查及评估结果，在区域内开展系统完善、正本清源、清基剥离、暗涵整治、重点面源整治工程，可实现污水处理厂进厂 BOD_5 浓度从现状 75.51 mg/L 提升到大于 100 mg/L 的目标值。

第9章

案例四：污水系统提质增效项目 B

9.1 项目概况

某污水处理厂位于 C 片区东北角,服务范围约 90 km²。该污水处理厂自投入运行以来,其进水量不足、进水浓度低等问题一直较突出。2018 年,该污水处理厂设计规模 6 万 m³/d,实际收水量不到 1 万 m³/d,且进水 COD 仅 80 mg/L 左右,收水范围内每日近 3 万 m³ 污水直排环境。

2019 年上半年,C 片区开展污水处理厂存量污水管网的全面排查与整治工作。在历经 2 年半的排查和整治工作后,项目公司对污水管网中的重大缺陷进行了修复,减少外水入侵量,整治雨污错混接,提升污水收集率,有效提高污水处理厂进水浓度,保证污水处理厂正常运行。本项目可作为污水系统提质增效典型案例,对项目设计与实施全过程进行分析和总结,为后续污水系统整治提供思路与经验方面的参考和借鉴。

9.2 设计思路

本项目系统考虑"源、网、厂、河"四个维度,针对污水处理厂进水浓度低、雨污管道错混接、外水入侵以及污水冒溢等现状问题,通过梳理问题清单、分项目标导向、全面管道排查、全面缺陷整治的技术路线对片区现状问题进行系统梳理及整治(图 9-1)。

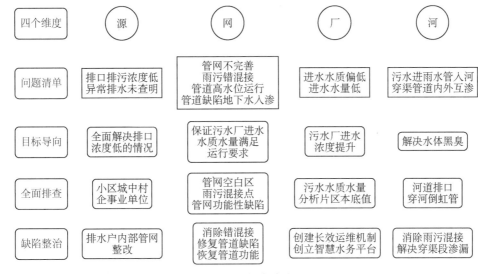

图 9-1　技术路线

9.3　污水系统排查整治

9.3.1　源头排水户排查整治

1. 源头排水户排查

本项目对源头排水户排口水质进行监测,发现收水区域内居民住宅小区及工业企业污水排口 COD 浓度低,30% 以上的居民小区排口 COD 小于 80 mg/L,居民小区 COD 平均值约 160 mg/L,71% 的企业排口 COD 小于 100 mg/L。同时,全面梳理排查,掌握排水户数量、类别、混接、缺陷等基本情况,随后开展雨污混接排查。经排查检测后发现 105 个排水户存在雨污混接、管网缺陷问题。

2. 源头排水户整治

排水户整治工作中,根据排查报告,针对性地实施整治。依据排水户性质差异,对小区、公共单位、企业等进行针对性的整改和监管,以提高源头排水户的出水浓度。2020—2021 年的整治项目中,基于排查情况和整治方案,对 16 个小区、13 个公共单位和 76 个工业企业等共 105 个排水户进行了整治,方案如下。

(1) 全面梳理排查,摸清底数。统计城东污水处理厂收水区域排水户数量,分清类别、混接情况、缺陷情况等。

(2) 采取观察雨污水检查井液位高差、雨污水出水口水质检测、CCTV 检测、反闭水试验等方式,对排水户内部管网进行混接排查,排查存在混接问题的排水户。

（3）根据排查检测报告，针对性地实施整治。

（4）小区内部整改方案：根据排查结果，有针对性地整治安置小区的内部管网，对于混接、缺陷严重的污水管网直接重建，采用密闭性较好的 PE 实壁管和模块井施工，保持污水排放的纯粹性；督促开发企业按要求进行开发地块小区整改，直至满足水质排放要求；重点对阳台污废水的收集进行治理。

（5）公共单位内部整改方案：区级对口部门对接，配合市驻区公共单位，根据排查检测结果针对性地开展整改，直至满足水质排放要求；辖区内公共单位自行开展雨污混接整改，直至满足水质排放要求。

（6）企业内部整改方案：督促辖区内企业，根据排查检测结果针对性地限期完成整改，直至满足环评报告水质排放要求。拒不整改的，对其排口进行封堵，并予以处罚，责令整改。

（7）小区竣工验收合格后，移交街道办进行后期维护和管理；公共单位验收合格后，移交所属部门进行后期维护和管理。

（8）各单位根据职责分工，督促工业企业、商业体、商业开发小区按期落实整治任务，并对后期内部管网的维护和管理进行监管。

9.3.2 管网现状排查与分析

1. 管网排查

管网系统是污水系统提质增效工程中需要重点研究与关注的子系统。项目中，对案例片区管网系统进行了全方位排查，以掌握管道及检查井缺陷类别、外来水种类、水量大小、评估缺陷等级和雨污混接情况，为管道及检查井缺陷修复和雨污混接治理提供重要依据。2018 年 12 月—2021 年 5 月，本项目综合运用 CCTV、全地形机器人、QV、声呐、雷达、水质分析等多种国内先进检测技术，陆续完成对案例片区现状排水管线核查与补测、排口调查、混接点调查、排水管网检测与评估、污水管网预诊断等工作内容。市政雨污水管网排查总长度 403.25 km，其中污水管道 148.65 km、雨水管道 254.60 km。

基于管网排查，发现主要存在管网缺陷、断头管、穿渠管段和雨污混接等主要问题。

本项目检测了 61 条道路下的污水管道，共发现结构性缺陷 6 524 处，其中以变形和错口为主，分别为 1 418 处和 1 205 处；功能性缺陷 2 359 处，其中以沉积和障碍物为主，分别为 1 230 处和 662 处。在管网排查诊断工作中发现了 6 处断头管。

河水倒灌进入管网也是片区外水的重要来源，因此也成为排查工作的重点之一。排查工作中，梳理出穿渠点共 75 处，其中渗漏点共 34 处。

收水片区现状为雨污分流排水体制，但雨污混接问题依然存在。从排水用户源头到污水收集主干系统存在不同程度的混接，污水混入雨水管道后排入河水、雨水混入污水管道后进入污水处理厂的现象普遍存在。经过排口调查和混接点调查发现,该收水片区共计存在雨污水混接 279 处。

2. 管网现状问题及成因分析

(1) C 片区地质情况较差,地下水位高

该片区污水管道主要分布在杂填土、淤泥质粉质黏土、粉质黏土和粉砂夹粉土中,该地质情况较差,尤其粉砂夹粉土层俗称流沙地质,该地质下污水管道渗漏极易导致周围土壤流沙,造成地面塌陷。同时,该片区水网密布,地下水位较高,导致污水管道和砖砌检查井也存在不同程度的渗漏。经勘察,该片区范围内地下水混合静止水位为地面以下 1.0~2.2 m,历史上最高地下水位接近自然地面。而片区内,管道平均埋深为 4 m,最深可至 10 m,管道基本位于砂质粉土夹淤泥质粉质黏土及淤泥质粉质黏土夹粉土土层。高地下水位也是造成管道外水入侵的原因之一,建成管段易受地下水入渗影响,对污水管网收水水质造成冲击,甚至引发管周土体侵蚀流失及地面塌陷现象。

(2) 污水管道埋深较深

排查发现,现状污水管道埋设较深,多处污水管起始段埋深在 3.5 m 左右,污水主管基本埋深 6 m 左右。现状污水管埋深较深主要有两个原因:其一是建设污水管道时,为避免建设穿渠倒虹管而将污水管整体埋深;其二是建设污水管道时,暂无片区管网规划,为保证日后管网能够顺利接入,污水管埋深较深。

(3) 路面车辆过载

根据排查检测资料,发现部分过路管道损坏严重,尤其是工业区范围。这一方面是由于管材质量和施工不规范,另一方面是由于过路车辆荷载过大。

(4) 污水管管材质量不佳

排查中发现某段污水管道位于道路北侧非机动车道下,大部分采用 HDPE 双壁波纹管(DN400),该路段周边已建成污水收集区域较少,道路车流量较小,但经 CCTV 检测发现,管道已大面积变形破裂(图 9-2)。部分混凝土管管材质量较差,出现大面积裸露钢筋的情况(图 9-3),这是因为其混凝土保护层厚度不足或混凝土强度未达到国家标准。

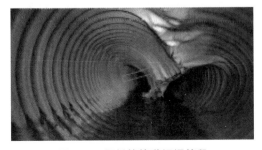

图 9-2 塑料管管道坍塌管段

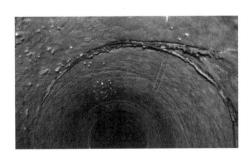

图 9-3 混凝土管道钢筋裸露管段

（5）前期设计欠佳，污水管与其他管线交叉

在排查期间发现污水管线中有通信管通过，或给水管和燃气管因拖拉管施工，导致管道打破原有污水管线，穿管而过。

（6）前期建设施工过程欠规范（图9-4～图9-7）

根据管网排查结果，发现部分管道存在建设过程不规范、检查验收不严格等情况，导致管道在敷设完成时即存在安全隐患，从而导致建成投用后逐渐产生大量缺陷。如某路段的污水管道管径为DN400～1000，管材为钢筋混凝土管和塑料管，存在大管套小管、封堵墙未拆除、管道错口、脱节严重和增加井室等情况。

排查出的雨污混接点中，小区外接至市政道路导致的混接占比较大，同时存在大量雨水箅子接入污水井，这主要是由于在管理验收上不够严格，建设中为施工便利，就近接入现状检查井，未区分雨、污水井。

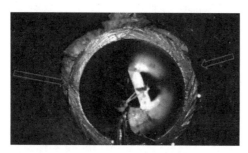

图9-4 大管套小管管段

图9-5 砖砌封堵墙未拆除

图9-6 管道建设不规范导致管道错口

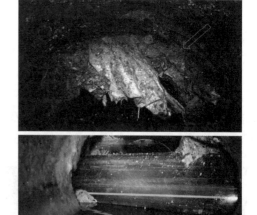

图9-7 管道回填和接口处理未按规划执行

（7）污水管网长期高水位运行

由于地下水渗入、地表水倒灌、泵站和污水处理厂缺乏合理调度等，城东污水主干管

网系统长期处于高水位运行状态。污水管内水位过高,地块排水倒灌;管道流速慢,易淤积;污水在管道内积存时间长,管道内微生物降解导致COD浓度降低。

9.3.3　管网修复整治

1.雨污混接整治

本项目针对表9-1所示的279处混接点进行了整治。采用封堵、敷设新管等方式,改变原有管道的连接方式,恢复雨污分流。主要治理思路如下。

(1)对于城镇污水管道与雨水管道相接处,封堵混接点,并将污(雨)水管就近改接入污(雨)水系统。

(2)对于小区等雨水管道接入城镇污水管道的情况,对小区所接入的雨水管道进行改道,将其接入市政雨水排水系统,并对原错接管道进行封堵。

(3)小区等污水管道接入城镇雨水管道的,对污水管道进行改道,并将其接入城镇污水排水系统,并对原错接管道进行封堵。

管网排查发现的279处雨污混接点均已完成整治。

表9-1　片区混接点调查分类统计

序号	混接类型	数量(处)
1	城镇雨水管道接入城镇污水管网	14
2	城镇污水管道接入城镇雨水管网	15
3	内部排水系统雨水管道接入城镇污水管道	21
4	内部排水系统污水管道接入城镇雨水管道	169
5	单一排水户污水管接入城镇雨水管道	59
6	生活污水直排口	1
	合计	279

2.管网缺陷整治

(1)管网缺陷情况

该片区污水管网需修复的结构性缺陷2 542处,主要以变形、破裂和渗漏为主,分别为756处、551处和499处,如图9-8所示。

该片区管网需修复功能性缺陷811处,主要以沉积和障碍物为主,分别为311处和309处,如图9-9所示。

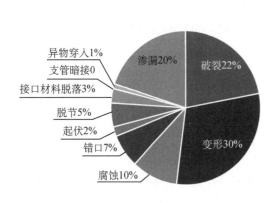

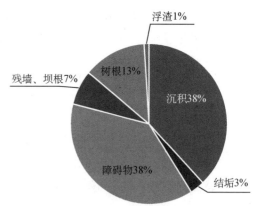

图 9-8　该片区污水管网需修复的
结构性缺陷情况

图 9-9　该片区污水管网需修复的
功能性缺陷情况

（2）管网缺陷修复思路

由于该片区污水系统已发现缺陷点较多，且缺陷严重程度不同，可对不同缺陷问题的轻重缓急进行分类并修复。收水片区地质情况较差，地下水位较高，城镇污水管网基本处于地下水位以下。管道缺陷将加重外水入侵、水土流失的情况，需通过管网缺陷整治，减少管网与地下水的连通，恢复管网正常排水结构与功能。考虑到该收水片区的特殊地质情况，项目中经过多次专家评审，特别是对渗漏、破裂、变形、错口、脱节、腐蚀等缺陷修复方案进行论证，最终确定需修复且实际已实施的缺陷数量为 4 292 处。

（3）管道重建修复方式

① 管道修复方式的选择

由于本项目当地污水管线普遍埋深较深，管径较小，周边环境较复杂；开槽施工涉及拆迁、改迁量较大，前期投入较大；对周围人民工作和生活干扰大，对交通、环境、周围构筑物基础有一定破坏和不良影响。所以，在城区环境较为复杂的区域不建议采用开挖施工，而周边环境较为空旷，且管道埋深较浅、地质条件较好的地区可采用开挖修复。

非开挖修复技术（如碎裂管法）为较新颖的施工工艺。碎裂管法施工速度快，目前已在本项目地区做过试验段，验证了碎裂管法的可操作性及其施工质量效果，建议在无开挖条件下可考虑采用碎裂管法进行管道重建。

管道泥水平衡顶管工法适用于管径 DN800 及以上管道。若污水管道需要整体翻排重建，且无开挖修复条件时，可考虑采用泥水平衡顶管进行施工。

微型顶管二次工法也是较为先进的施工技术，有施工速度快、质量保证率高、环境扰动小、施工占地小等优点。若管道无开挖条件，可考虑使用该法施工。

② 修复管材的选择

考虑到 C 片区污水管网平均埋深为 4 m，且地质属于流沙地质，地下水位高，结合该市相关部门对于排水管网建设全过程质量管控的要求，从安全运行、方便施工、节省投资方面，初步确定如下项目管材。

交通繁忙处、流动人员拥挤、维修不便的管段，地质条件差的流沙地质区域，土壤有较强腐蚀或污水具有较强腐蚀性区域等，采用球墨铸铁管。

微型顶管及泥水平衡顶管，采用Ⅲ级钢筋混凝土管。

雨水管道首选混凝土管。

（4）检查井修复及新建

检查井修复主要分为三类：井室缺陷修复、井盖提升修复或新建检查井。

① 井室缺陷修复

井壁渗漏：对检查井渗漏采用化学灌浆方法进行止水堵漏。施工前，先对检查井清洗干净，找到渗漏位置，堵漏并安装灌浆嘴进行注浆；之后，拆除注浆嘴，粘贴密封带，用防水砂浆抹面。

井底渗漏：对检查井井底损坏不严重的渗漏情况，施工前对检查井清理干净，找到渗漏位置，安装灌浆嘴进行注浆；拆除注浆嘴后粘贴密封带，用防水砂浆抹面。

检查井破损严重的，须拆除，并按照图集要求重建检查井。

② 井盖提升修复

排查过程中发现，后期道路修建、抬高和绿化覆盖等导致较多检查井盖被埋，同时存在部分检查井为暗井的现象，这一方面影响管道排查检测，另一方面给后续管道的运营养护带来困难。因此，本项目需对被埋井盖及暗井进行井盖提升。

安全网已经损坏的，要求新增安全网，其设置应满足国家相关规范的要求。

③ 新建检查井

本项目污水检查井为流槽井及沉泥井。本项目检查井均要求采用预制钢筋混凝土井，井室要求整体预制；针对部分检查井深度超过图集所规定的埋深，则采用现浇混凝土井。

（5）管网缺陷修复方案

根据《城镇排水管道非开挖修复更新工程技术规程》（CJJ/T 210—2014）及专家评审意见和缺陷整治修复原则，结合项目现场实际情况，确定整治方案如下。

① 针对变形、渗漏严重的塑料管进行整体翻排重建：考虑到塑料管受施工及土层影响较大，对管道破损严重且渗水严重的塑料管采用整体开挖重建方式。

② 针对破裂、错口导致渗漏严重的混凝土管道进行整体翻排重建。

③ 针对断头管道或严重逆坡管道进行新建或重建。

④ 针对其他需修复缺陷进行整治。根据排查报告显示的缺陷情况，结合专家意见及修复设计原则，对发现的污水管道缺陷进行开挖或非开挖方式修复。

⑤ 对有收水需求的管道进行系统整治，对无收水需求的管道采取封堵措施。

9.3.4　污水处理厂整治

该片区污水处理厂于 2016 年投入运行,为实施本污水系统提质增效项目,2019 年,污水处理厂移交项目相关单位运营。2020 年 4 月,该污水处理厂正式开始项目运维。本项目根据收水片区污水系统运维管理经验,总结适合该片区的"厂站网一体化"联合调度制度,控制管网液位,监测各关键点水质水量,合理安排管网污水进入污水处理厂,保证污水处理厂进水水质、水量稳定。同时,建立智慧排水平台,结合污水处理厂收水区域现有排查、检测数据,实现预判、预警、预报工作,做到预判分析、快速响应、高效处理。

9.3.5　河道整治

该片区水系外环境主要由 30 条河沟组成,其中 12 条河道在工程实施前存在黑臭现象。本项目在 2018—2019 年陆续完成了 12 条黑臭河道的整治与竣工验收,并长期开展水体水质监测,建立了水体长效管控机制,实行河长责任制与考核机制。

9.3.6　建立运维机制

为实现污水管网长期健康运行及污水处理厂稳定运营,建立合理的运维机制。通过建设智慧水务云平台,实现对源、网、厂、河四个维度的实时监测,及时反馈管网设施损坏、污染物外溢和外水入侵。同时,运维单位还需制定合理的巡检、养护、维修计划,避免缺陷累积加重,确保污水处理厂、泵站和污水管网安全、可靠、达标运行。

1. 运行管理制度

污水处理系统运维单位应提供培训合格的管理、技术、运行人员,做到各岗位相互连接,各司其职,各职能专人负责。建立管理制度及组织架构,各类资料由管理部门建档备案,依照国家法律法规以及各级政府相关要求,确保污水处理厂、站、网达标运行。

2. "厂站网一体化"联合调度制度

根据该片区污水系统运维管理经验,总结适合该片区的方案,控制管网液位,监测各关键点水质、水量,合理安排管网污水进入污水处理厂,保证污水处理厂进水水质、水量稳定,减少进厂污水对污水处理工艺的冲击。

3. 长效运维制度

污水管网为地下隐蔽设施,不易监测,且易受外部单位错混接、偷排影响。因此,需根据地块开发及周边情况对污水管网制定巡查、监测、清淤疏通、维修计划,消除管网缺陷,恢复原有功能。

同时,为实现长效稳定运营,本项目建立智慧水务云平台,结合 C 片区现有排查、检测数据,实现预判、预警、预报工作,做到预判分析、快速响应、高效处理。应大力发展人才培养计划,发展专业技术人才,最大程度发挥智慧管网的优化指导作用,实现污水处理厂进、出水水量合理,水质稳定达标。

9.4　项目成效

C 片区经过 2 年半以污水管网排查和整治为核心的污水提质增效工作后,污水集中处理率和污水处理厂进水浓度均有明显提升。

在整治工程实施后,分别对"源、网、厂、河"四个子系统的水质水量进行分析评估。水质水量监测与检测采用线上、线下相结合的技术手段。该片区已布置了多台在线液位仪、多普勒流量计、在线水质仪,构筑了排水系统水污染实时溯源系统及智慧运行管理平台,可实时掌握片区关键节点与管段的流量、水质变化情况,及时溯源跟踪水质、水量异常点,有效指导日常维护与排查工作。对未安装在线仪器的关键点位和管段,通过人工取样和临时监测,掌握其水质水量的数据信息,对污水系统进行诊断分析。

9.4.1　源头排口水质

项目实施后,对片区源头排口进行水质监测分析,与项目实施前的排口水质情况进行对比分析。结果表明,片区源头混接点整治工程取得明显成效,源头排口水质有显著改善。至 2021 年 11 月,片区晴天排口理论原生污水 COD 加权平均浓度为158.1 mg/L。

9.4.2　管网水位

管网方面,则是通过对管网运行水位的监测、对污水主干管重要节点(包括泵站节点、支管与干管交汇处等)进行水质和流量监测,分析各子收水区域的水质水量变化情况。通过项目实施前后水质水量参数的变化评估是否存在大量外来水接入点。经过修复工程的实施,长期困扰该片区管网满水位运行的问题得到了显著改善,管网实现从高水位到低水位的常态化运行,管内水流水力状态实现从排水不畅到排水通畅的转变,因污水管网渗漏导致的地面塌陷得到控制。污水处理厂与片区各泵站可实现常态化低水位运行。对进厂平均液位的监测变化结果显示,平均液位从 2021 年 2—7 月的 7.30~8.17 m 降至 2022 年1 月的 4.59 m。

9.4.3　污水处理厂水质水量

污水处理厂子系统水质水量评估主要是收集该片区污水处理厂 2018 年 11 月以来的

运行数据,将项目实施前后的污水处理厂月均进水量和水质情况进行对比分析,考察污水处理厂的水质水量变化情况;通过对污水处理厂与片区泵站水位的监测分析,可评估污水管网高水位运行问题的改善情况。

长序列历史实际进水量数据如图 9-10 所示。随着该片区污水管网的完善、污水收集率的不断提高,以及片区内经济水平的发展导致的用水需求上升,污水处理厂进水量也有所上升。2018 年 11 月,污水处理厂实际进水量约 1 万 m^3/d。2021 年上半年,该片区管网开展了集中性的大力整治,管网不断被接通,导致水量增大;同时,外水通过管网缺陷入侵到污水系统的量也随之增加。尤其是 3—8 月,受施工倒排水及梅雨季节多降雨的影响,厂区进水量处于 5.2 万 m^3/d 左右的较高值。2021 年下半年,随着管网缺陷整治的逐渐完成,管网外水入侵量不断减小,至稳定运维时保持在 4.2 万 m^3/d 左右。污水处理厂的实际进水量与通过外水入侵的三种分析方法得到的理论日均污水量基本一致,这也表明理论分析方法具有较好的可靠性,通过长序列的用水量数据和多种分析方法,可以综合评估得到污水处理厂进水量。

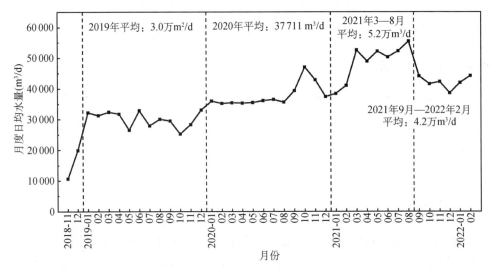

图 9-10   片区污水处理厂进水量情况

长序列的实际进水 COD 浓度数据如图 9-11 所示。到 2022 年初,随着"提质增效"多个管网修复工程的持续推进与竣工,日均进水 COD 浓度也逐步上升,月平均浓度最高达到 140 mg/L。2019—2020 年,由于该片区的部分管网被连通,污水收集量增大,但与此同时,因管道破损渗漏带来的外水入侵量也随之增大,污水处理厂进水 COD 浓度呈下降趋势。2021 年,对于该片区的管网开展了集中性的大力度排查与整治,随着排查整治的不断推进,片区管网性能明显改善,污水收集效率随之提高,外水入侵量降低,污水处理厂进水 COD 浓度上升至近 130 mg/L。

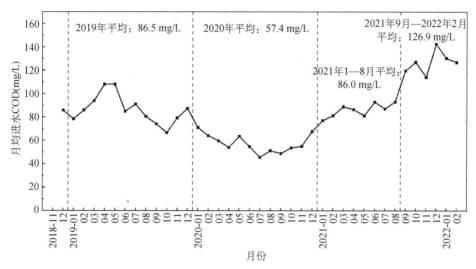

图 9-11　片区污水处理厂进水 COD 浓度情况

9.4.4　河网水质

2021 年，本项目片区 12 条黑臭水体全部消除，水质持续稳定，周边水生态环境持续改善，片区 30 条水系的氧化还原电位、溶解氧、氨氮和透明度四项水质指标均满足消除黑臭水体的考核要求。

第10章

案例五：基于案例四的污水提质增效项目实施效果评估

10.1 污水系统水质水量分析

10.1.1 污水处理厂基本情况

在本书案例四中，C 片区污水处理厂是一个区域性、综合性的污水处理厂，一期服务范围为 90 km² 区域内的工业废水与生活污水，设计服务人口多，管网建设规模较大，污水管网已达 150 km。根据 2021 年当地提供的人口数据，片区实际人口数为 8.4 万人，远低于污水处理厂一期设计服务人口数。污水处理厂一期工程采用"多模式 A/A/O 工艺＋周边进水周边出水辐流式沉淀池＋连续流砂滤"处理工艺，尾水消毒采用紫外消毒技术。进水设计标准为化学需氧量（400 mg/L）、氨氮（30 mg/L）、总氮（40 mg/L）和总磷（4 mg/L）。出水执行《城镇污水处理厂污染物排放标准》（GB 18918—2002）中的一级标准 A 标准。污水处理厂自投入运行以来，其进水量不足、进水浓度低等问题一直较突出。

10.1.2 进水浓度偏低原因分析

经过调研分析，C 片区污水处理厂进水浓度偏低主要有以下几方面原因。

（1）居民小区排水浓度低

根据 2020 年水质采样结果，居民小区源头排水浓度较低，30％以上的居民小区排口 COD 浓度小于 80 mg/L，25％以上的居民小区排水氨氮浓度小于 30 mg/L，30％以上的居民小区排水总磷浓度小于 3.5 mg/L。

（2）排水结构中低浓度企业污水占比大

根据前期调研结果，源头处居民住宅小区 COD 浓度低于正常小区排水浓度指标，企业排水浓度普遍更低，而企业用水量占比高于居民小区用水量，高于一般市政污水处理厂进水企业用水量。生活污水比例过低是导致污水处理厂进水浓度偏低的一项重要因素。

（3）管网缺陷导致的外来水稀释

干管流量均在未达到设计流量时就已出现满水现象，水质指标在主干管沿路均较低，片区存在倒灌点。

（4）管网厌氧微生物降解作用

由于排水管网规模不断扩大，输水长度越来越长，局部管网因工程质量问题，部分管道实际流速缓慢，小于不淤流速 0.6 m/s 而造成管道淤积。管线过长和管道淤积造成污水中有机物颗粒沉淀并发生厌氧降解反应，降低了污水中的有机浓度。

10.1.3　管网外来水量与进水理论水量分析

外来水入侵已成为污水管网日常运维的关键难点之一。不同地区的外来水量占比往往差异较大。过高的外来水量对污水系统水质水量产生不利影响，因此需要对 C 片区相关污水管网系统的外来水入侵量进行定量分析，评估外来水造成的系统风险，为管网修复工程的开展和达到预期提质增效效果提供关键性指导。

1. 片区用水量数据分析

片区用水量数据是开展本区域理论进厂水质水量评估与外来水量计算的重要依据。

2019—2020 年，该片区用水量数据进行分类整理的结果如表 10-1 所示。2 年的全年用水量合计分别为 1 160.82 万 m³ 和 1 181.36 万 m³，年日均用水量分别为 3.18 万 m³/d 和 3.24 万 m³/d。2021 年 1—10 月的日均用水量为 3.60 万 m³/d。结合相关规范，经过计算，得到该片区 2021 年日均原生污水量＝3.6×0.85＝3.06 万 m³/d。

表 10-1　C 片区 2019—2020 年用水量统计

用水性质		2019 年			2020 年		
		年用水量（万 m³）	日均用水量（万 m³）	用水量占比（%）	年用水量（万 m³）	日均用水量（万 m³）	用水量占比（%）
居民生活用水		282.49	0.77	24.34	308.20	0.84	26.09
泵售用水		66.39	0.18	5.72	109.66	0.30	9.28
学校用水		22.86	0.06	1.97	27.93	0.08	2.36
非居民用水	行政事业用水	45.71	0.13	3.94	44.38	0.12	3.76
	经营服务用水	231.22	0.63	19.92	211.41	0.58	17.90
	工业用水	497.13	1.36	42.83	457.62	1.25	38.74
其他用水（特种）		15.02	0.04	1.29	22.17	0.06	1.88
合计		1 160.82	3.18	100.00	1 181.36	3.24	100.00

2. 地下水入渗量评估

由于片区存在地下水位高、河网密度大、土质松软等状况，并且受排水管网建设、管理质量等外部因素影响,片区存在较为严重的管网地下水入渗问题。地下水入渗量根据地下水位、管渠情况等实际测定资料确定。综合利用经验值法、水质示踪法及试验法三种方法对 C 片区地下水入渗量进行定量评估。

(1) 基于经验值法的地下水入渗量评估

参考不同国家的相关成果及《室外排水设计标准》(GB 50014—2021)中给出的相关资料,根据经验值法确定的 C 片区地下水入渗量如表 10-2 所示。可以看出,参考不同经验值得出的入渗量范围差异较大。

表 10-2　根据经验值法确定地下水入渗量

经验值指标	片区污水管网规模	片区年日均原生污水量	入渗量范围	参考来源
10%~15%原生污水总量			(0.3~0.46)万 m³/d	《室外排水设计标准》(GB 50014—2021)
50~166 m³/(km·d)			(0.75~2.50)万 m³/d	中国(上海)
10%~20%原生污水总量	150.8 km	3.06 万 m³/d	(0.3~0.61)万 m³/d	日本
0.2~28 m³/(hm²·d)			(0.018~2.52)万 m³/d	美国
<0.15 L/(hm²·s)			<1.2 万 m³/d	德国

(2) 基于水质示踪法的地下水入渗量评估

采用水质指标示踪对各片区的地下水入渗状况进行解析,解析原理为

$$Q_{晴天污水} = Q_{原生污水} + Q_{地下水} \tag{10-1}$$

$$Q_{晴天污水} C_{晴天污水} = Q_{原生污水} C_{原生污水} + Q_{地下水} C_{地下水} \tag{10-2}$$

$$R_{地下水} = \frac{Q_{地下水}}{Q_{原生污水} + Q_{地下水}} \times 100\% = \frac{C_{晴天污水} - C_{原生污水}}{C_{地下水} - C_{原生污水}} \times 100\% \tag{10-3}$$

式中,$Q_{晴天污水}$ 为晴流条件下管道中污水总流量(m³/h);$Q_{原生污水}$ 为原生污水量(m³/h);$Q_{地下水}$ 为地下水入渗量(m³/h);$C_{晴天污水}$、$C_{原生污水}$、$C_{地下水}$ 分别为晴流条件下管道总污水、原生污水及外来水的水质示踪剂浓度(mg/L);R 为地下水入渗比(%),表示入渗水量占总污水量的比例,也可通过联立式(10-1)和式(10-2)得到,在相关文献中,一般用入渗比表示地下水入渗的严重程度。

根据水质示踪剂的选取原则,合适的水质示踪指标在不同的水量来源中应该具有明显的浓度差异,同时还应该实现在线监测。根据实地调查,C 片区内地下水水质良好,地下水 COD 浓度可以忽略不计。因此,COD 指标可以满足不同水量来源浓度差异显著的要求。同时,各泵站和污水处理厂都安装了 COD 在线监测设备,故本节采用 COD 指标作为示踪指标对各片区的地下水入流入渗状况进行评估。

在评估过程中,排口原生污水浓度($C_{原生污水}$)为 158.1 mg/L,考虑到管网微生物降解

作用对 COD 指标造成的沿程衰减,取降解率为 7.5%,即 $C_{原生污水}$＝147 mg/L。$C_{晴天污水}$ 按照连续 5 个典型晴天污水处理厂的日进水 COD 均值取值,时间为 2021 年 9 月 24—28 日(该厂区 BOD_5 进水量较为平稳),其天气状况和水厂进水水质水量如表 10-3 所示。

表 10-3 典型晴天污水处理厂进水状况

时间(年/月/日)	天气	日进水量(m³/d)	COD 日均值(mg/L)	NH₃-N 日均值(mg/L)
2021/9/24	多云	42 960	116.7	18.85
2021/9/25	多云	43 325	94.2	19.89
2021/9/26	晴	44 645	96.1	20.13
2021/9/27	多云	42 390	98.3	20.91
2021/9/28	晴	47 085	110.3	24.06

根据式(10-3)对连续 5 个晴天内污水处理厂进水的水量组成进行了计算评估,结果如图 10-1 和表 10-4 所示。

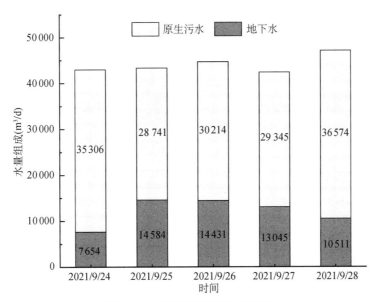

图 10-1 晴天管网地下水量评估

表 10-4 晴天管网地下水量评估

日期(年/月/日)	2021/9/24	2021/9/25	2021/9/26	2021/9/27	2021/9/28
总污水量(m³/d)	42 960	43 325	44 645	42 390	47 085
地下水入渗量(m³/d)	7 654	14 584	14 431	13 045	10 511
原生污水量(m³/d)	35 306	28 741	30 214	29 345	36 574
地下水入渗量/总污水量	17.81%	33.66%	32.32%	30.77%	22.32%

根据以上分析可知,C 片区连续 5 个晴天的管网地下水入渗量范围为(0.77~1.46)万 m^3/d,均值为 1.1 万 m^3/d。

(3) 基于试验法的地下水入渗量评估

为了评估状况较好管段的地下水入渗量,项目期间对 YL、FQ、HZ 三段管段进行上下游封堵,记录管道封堵前后的液位和时间,对实际入渗量进行了测试试验,三段管道基本情况如表 10-5 所示,实测渗漏量分别为 7.79 m^3/d、6.96 m^3/d 和 2.2 m^3/d。根据以上实测结果,综合片区污水管网总规模 150.8 km,则片区入渗量评估值为(0.33~1.76)万 m^3/d,均值为 1.04 万 m^3/d。

表 10-5　污水管道渗漏量现场测定试验

日期(年/月/日)	2020/11/22	2021/11/10	2021/11/10
管段	YL	FQ	HZ
管材	波纹管	钢筋混凝土	钢筋混凝土
管径(mm)	400	400	400
管长(m)	69.8	80.2	100
埋深(m)	2.0	2.5	3.6
缺陷	1 级渗漏点 1 处	2 级腐蚀、1 级破裂,视频无明显渗漏	2 级错口,1 级结垢,视频无明显渗漏
起始液位(m)	0.07	0.06	0.08
最终液位(m)	0.20	0.24	0.15
历时(h)	13.5	15.4	24.0
入渗量(m^3/d)	7.79	6.96	2.20
片区入渗量(万 m^3/d)	1.76	1.31	0.33

(4) 地下水入渗量评估总结

以上用三种方法对 C 片区地下水入渗量进行了评估。因经验值法受限于内外多种因素的影响,不同地区评估结果差异性较大,且 C 片区所在市与上海市均为地下水位较高的城市,可取上海市的标准作为参考,即入渗量范围为(0.75~2.5)万 m^3/d,均值为 1.6 万 m^3/d;水质示踪法和试验法均参考 C 片区本地实测数据,二者得出的入渗量范围分别为(0.77~1.46)万 m^3/d 和(0.33~1.76)万 m^3/d,均值分别为 1.1 万 m^3/d 和 1.04 万 m^3/d。因此,综合以上三种方法评估成果,并取其平均值 1.24 万 m^3/d 作为该片区管网整治修复工程完成后的年日均地下水入渗量,如表 10-6 所示。

表 10-6 多种方法测算地下水入渗量结果汇总

来源	范围	均值
经验值法	(0.75～2.5)万 m³/d	1.6 万 m³/d
水质示踪法	(0.77～1.46)万 m³/d	1.1 万 m³/d
试验法	(0.33～1.76)万 m³/d	1.04 万 m³/d
年日均地下水入渗量	(0.33～2.5)万 m³/d	1.24 万 m³/d

3. 雨天入流入渗量评估分析

雨水进入污水管道将导致雨水占据污水输送空间，减少污水管道的输送能力，造成局部区域污水溢流。因此，本节通过对管网关键断面进行流量监测，对比晴天、雨天流量数据的变化，进一步分析关键断面控制区域雨水入网的占比和严重程度，评价公式为

$$Q_{雨水入流入渗} = Q_{雨天污水} - Q_{晴天污水} \tag{10-4}$$

$$R_{雨天} = \frac{Q_{雨天污水} - Q_{晴天污水}}{Q_{雨天污水}} \times 100\% \tag{10-5}$$

式中，$Q_{雨天污水}$ 为降雨条件下管道中污水总流量(m³/h)；$Q_{晴天污水}$ 为典型晴天条件下管道中的污水总流量(m³/h)；$R_{雨天}$ 为降雨引起的入流入渗量(Rain-induce Inflow and Infiltration，RDII)占总污水量的比例(%)。

因降雨强度、历时的不同，降雨引起的入流入渗量不宜取为定值或平均值。本节分别选取 2 个典型晴雨天事件，每个事件分为 3 个典型晴天(72 h，连续 3 个晴天进厂流量非常平稳)以及后续的 3 个连续雨天(72 h)。2 个典型晴雨天事件的分析结果比较接近，因此雨天时城东污水处理厂由降雨引起的入流入渗量范围为(0.71～1.45)万 m³/d，平均值为 1.08 万 m³/d。

4. 片区理论进厂污水量评估

片区大量管网修复工程验收后，片区污水管网系统内仍存在的地下水入渗量范围为(0.33～2.5)万 m³/d，平均值为 1.24 万 m³/d，再加上 2021 年日均 3.06 万 m³/d 的理论原生污水量，可以得到晴天时平均进厂污水量理论值为 4.30 万 m³/d。

根据以上结果，按照当前不同国家与地区存在的多种评估地下水入渗量的标准，当 C 片区晴天时，按照污水管网规模计算得到的入渗量值为 82.2 m³/(km·d)[与上海市 50～166 m³/(km·d)的参考值相比，处于较低值]，按照服务区域面积计算得到的入渗量值为 13.7 m³/(hm²·d)[小于美国 0.2～28 m³/(hm²·d)标准的中间值]，也基本达到德国水协标准规定的入渗水量标准 0.15 L/(hm²·s)，即 12.96 m³/(hm²·d)。

另外，通过典型晴雨天事件对比评估得到的雨天入流入渗量评估结果可知，降雨引起的额外入流入渗水量范围为(0.71～1.45)万 m³/d，平均值为 1.08 万 m³/d，加之晴

天时平均进厂污水量理论值 4.30 万 m^3/d,因此得到雨天时年均进厂污水量理论值为 5.38 万 m^3/d。

综合以上成果得到的 C 片区污水管网外来水量及理论进厂污水量如表 10-7 所示。

表 10-7 C 片区管网外来水量及理论进厂污水量计算

年均日用水量	综合产污系数	年均每日原生污水量	年均每日地下水入渗量	年均进厂污水量理论值	
				晴天	雨天
3.60 万 m^3/d	0.85	3.06 万 m^3/d	1.24 万 m^3/d	4.30 万 m^3/d	5.38 万 m^3/d

5. 片区理论进厂水质评估

2021 年 10 月底—11 月初,C 片区管网整治修复工程完成后,对片区 379 处排口进行了全部水质采样分析,作为最终评估片区原生污水浓度及源头水质整治效果的参考依据。对片区用水量较大的 179 个企业排水户、24 个公共建筑及 27 个居民小区排口 COD 浓度进行检测,结合各个排口对应的排水户日均用水量数据和理论日均污水量,对片区排口的原生污水水质进行加权计算得出,至 2021 年 11 月,C 片区晴天排口理论原生污水 COD 加权平均浓度应为 158.1 mg/L。

经过系列调研、实地采样分析,确认了污水从源头排口到片区污水处理厂的管网传输过程中,存在显著的有机物浓度降低现象。由于排水管网规模不断扩大,输水长度越来越长,局部管网因工程质量等问题,部分管道实际流速缓慢,小于不淤流速 0.6 m/s 而造成管道淤积。此外,因 C 片区居民建筑多在 2000 年后建设,很多小区配备无动力化粪池,导致源头处 COD 下降比例明显大于氨氮和总磷下降比例。考虑到当前修复工程已基本完成,管网水流已较通畅,从源头排口到达厂区的流程中 COD 降解率取 7.5%,即一些参考文献中给出的建议值范围 5%～10% 的平均值。

污水从源头排口流至片区污水处理厂的过程中,受管网入渗的地下水及管网厌氧微生物降解作用的稀释作用与影响,有机物浓度不可避免地有所降低。综合片区排口所测原生污水浓度值、生物降解比及晴天、雨天厂区理论进厂流量值,计算得出进厂日均 COD 浓度理论值,计算结果如表 10-8 所示。即污水处理厂进厂 COD 日均浓度理论值在晴天时为 104.1 mg/L,雨天时为 83.2 mg/L。

表 10-8 片区污水处理厂进水 COD 本底值评估计算

方法	日均原生污水量	排口原生污水 COD 浓度	生物降解比	日均总污水量	进厂 COD 日均浓度理论值
晴天	3.06 万 m^3/d	158.1 mg/L	7.5%	4.3 万 m^3/d	3.06×158.1×0.925/4.3=104.1 mg/L
雨天				5.38 万 m^3/d	3.06×158.1×0.925/5.38=83.2 mg/L

10.2 污水系统提质增效效果评估

10.2.1 源头排口提质效果评估

片区管网整治修复工程完成后,在 2021 年 10 月底—11 月初的晴天期间,对片区 379 处排水均进行了水质采样检测。结果显示,居民小区 COD 浓度范围为 102～522 mg/L,公共建筑 COD 浓度范围为 40～478 mg/L,工业企业 COD 浓度范围为 12～518 mg/L。

10.2.2 管网修复整治效果评估

经过大量修复工程的实施与验收,长期困扰 C 片区的管网满水位运行问题得到显著改善,具体体现在三个方面。

(1) 管网实现了从高水位到低水位常态化运行。

(2) 管内水流水力状态实现了从排水不畅到排水通畅的转变。

(3) 因污水管网渗漏导致的地面塌陷得到控制。

2021 年 2—8 月,每月进厂平均液位变化状况如图 10-2 所示。2021 年 2—7 月进厂平均液位较高,为 7.30～8.17 m,8—11 月进厂平均液位有明显下降,9 月份最低值达 4.86 m,可见管网高水位运行问题已有明显改善。

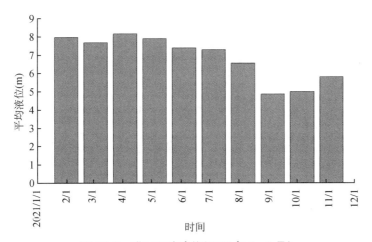

图 10-2　进厂平均液位(2021 年 2—8 月)

10.2.3 厂区提质增效效果评估

根据片区污水处理厂 2018 年 11 月—2021 年 11 月的运行数据,绘制月度日均进水量和 COD 变化曲线分别如图 10-3 和图 10-4 所示。可以看出,3 年间每年平均进水量呈上升趋势,其中 2018 年 11—12 月的平均水量为 1.29 万 m³/d,2019 年为 3.01 万 m³/d,

2020 年为 3.77 万 m^3/d,2021 年 1—11 月为 4.75 万 m^3/d。

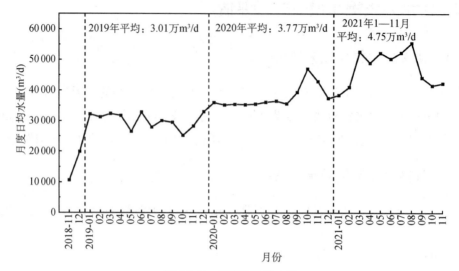

图 10-3 月度日均进水量

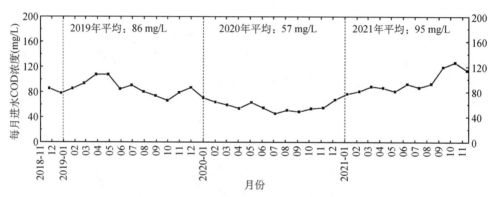

图 10-4 片区污水处理厂进水 COD 变化情况

图 10-5 所示标出了导致污水处理厂日进水量上升的 3 次水量突增事件。

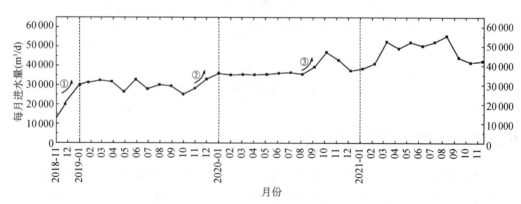

图 10-5 片区污水处理厂进水量变化情况

第一次水量突增事件如曲线①所示:主要原因是 2018 年年底某段主干管建设完成通水,导致厂平均进水量由 1.29 万 m³/d 上升至 2.99 万 m³/d 左右,增长率 132%。

第二次水量突增事件如曲线②所示:主要原因是 2019 年年底片区某泵站整治完成通水,导致厂平均进水量由 2.99 万 m³/d 增至 3.48 万 m³/d 左右,增长率 16%。

第三次水量突增事件如曲线③所示:主要原因是 2020 年 9 月下旬,污水处理厂开启第二条生产线,导致厂平均进水量由 3.48 万 m³/d 增至 4.68 万 m³/d,增长率 33%。

因此,从长序列历史进水量数据来看,随着 C 片区污水管网的完善,污水收集率的不断提高以及片区内经济水平的发展导致的用水需求上升是污水处理厂进水量上升的重要原因。

按照不同年份来看,2019 年之前,平均进水 COD 浓度不足 80 mg/L,2019 年平均进水 COD 浓度为 86 mg/L。2020 年,因管网修复工程的开展,受多种因素如施工倒排水的影响,该年平均进水 COD 浓度降为 57 mg/L。2021 年,随着提质增效项目中多个管网修复工程的持续推进与竣工,平均进水 COD 逐步上升,总体达到 95 mg/L。

2021 年 1—11 月,每月平均日进水量变化如图 10-6 所示,月度进水量变化范围为 (3.84~5.54)万 m³/d,1—8 月进水量总体呈上涨趋势,尤其是 3—8 月份,受施工倒排水及梅雨季节多降雨的影响,厂区进水量处于 5.0 万 m³/d 左右的较高值。而 2021 年 9 月以后,随着修复整治工程的逐步完工与验收,尤其是几条较大主管道修复工程完成通水后,每月平均进水量从 5.0 万 m³/d 以上下降至约 4.0 万 m³/d。

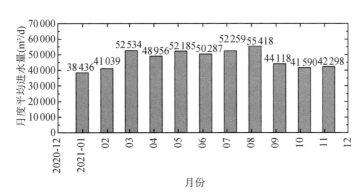

图 10-6　片区污水处理厂每月平均日进水量近期状况

2021 年 1—11 月,每月进水日均 COD 和 NH_3-N 浓度如图 10-7 和图 10-8 所示,COD 浓度范围为 77.13~127.14 mg/L,NH_3-N 浓度范围为 15.39~22.50 mg/L,其中 8—11 月 COD 和 NH_3-N 浓度都有明显上升,分别由 93.15 mg/L 上升至最高 127.14 mg/L,15.39 mg/L 上升至最高 22.50 mg/L,这与 9 月以后进水水量的显著下降趋势相对应。

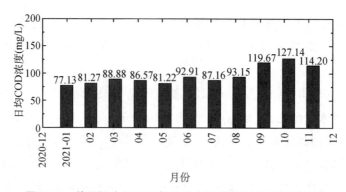

图 10-7 片区污水处理厂每月进水日均 COD 浓度近期状况

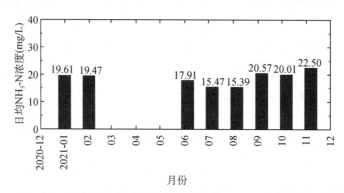

图 10-8 片区污水处理厂每月进水日均 NH₃-N 浓度近期状况

至 2021 年 11 月,C 片区污水处理厂提质增效已取得显著成效,主要集中体现在以下三个方面。

（1）污水收集与处理率显著提升

污水收集量从 2018 年的约 1 万 m³/d 提升至 2021 年 11 月的 4.2 万 m³/d,污水处理厂收水区域污水集中收集率已实现。

（2）进水 COD 与氨氮浓度提质效果显著

2021 年 11 月,污水处理厂月度平均进水 COD 浓度提升至 114 mg/L,氨氮浓度提升至 22.5 mg/L 左右。与整治完成前相比,COD 浓度提升率大于 30%,氨氮提升率大于 15%。

（3）污水处理厂与片区各泵站已能实现常态化低水位运行,长期困扰 C 片区的管网高水位问题彻底得到缓解。

10.2.4 河网水环境改善效果评估

项目实施前,2018 年 C 片区存在 3 万 t 污水直排河道,严重污染了片区河网水环境。2019—2021 年整治以后,C 片区 12 条黑臭水体全部消除,水质持续稳定,周边水生态环境持续改善。2021 年,对 C 片区内的 30 条水系的氧化还原电位、溶解氧、氨氮、透明度四个指标进行了检测,检测结果均满足消除黑臭水体的考核要求。

附录 A

相关标准及规范

1. 给排水专业

(1)《室外排水设计标准》(GB 50014—2021)

(2)《城镇给水排水技术规范》(GB 50788—2012)

(3)《建筑给水排水设计标准》(GB 50015—2019)

(4)《城镇内涝防治技术规范》(GB 51222—2017)

(5)《城市排水工程规划规范》(GB 50318—2017)

(6)《地表水环境质量标准》(GB 3838—2002)

(7)《给水排水管道工程施工及验收规范》(GB 50268—2008)

(8)《室外给水排水和燃气热力工程抗震设计规范》(GB 50032—2003)

(9)《城乡排水工程项目规范》(GB 55027—2022)

(10)《城镇雨水调蓄工程技术规范》(GB 51174—2017)

(11)《泵站设计规范》(GB 50265—2022)

(12)《城市防洪工程设计规范》(GB/T 50805—2012)

(13)《城市排水防涝设施数据采集与维护技术规范》(GB/T 51187—2016)

(14)《污水排入城镇下水道水质标准》(GB/T 31962—2015)

(15)《城镇污水处理厂运行、维护及安全技术规程》(CJJ 60—2011)

(16)《城镇排水管道检测与评估技术规程》(CJJ 181—2012)

(17)《城镇排水管道维护安全技术规程》(CJJ 6—2009)

(18)《城镇排水管道检测与评估技术规程》(CJJ 181—2012)

(19)《城镇排水管渠与泵站运行、维护及安全技术规程》(CJJ 68—2016)

(20)《埋地塑料排水管道工程技术规程》(CJJ 143—2010)

(21)《城镇排水管道非开挖修复更新工程技术规程》(CJJ/T 210—2014)

(22)《给水排水工程顶管技术规程》(CECS 246:2008)

(23)《给水排水工程埋地铸铁管管道结构设计规程》(CECS 142:2002)

(24)《城镇排水管道混接调查及治理技术规程》(T/CECS 758—2020)

(25)《城镇排水管渠污泥处理技术规程》(T/CECS 700—2020)

(26)《多功能清污分流井技术规程》(T/CECS 1135—2021)

(27)《城镇排水管网在线监测技术规程》(T/CECS 869—2021)

(28)《城镇排水管渠数字化检测与评估技术规程》(T/CECS 1028—2022)

(39)《合流制排水系统溢流设施技术规程》(T/CECS 91—2021)

(30)《城镇排水管网系统化运营与质量评价标准》(T/CUWA 40053—2022)

(31)《城镇排水管网流量和液位在线监测技术规程》(T/CUWA 40054—2022)

(32)《城镇排水管网预诊断技术规程》(T/ZS 0275—2022)

(33)《市政公用工程设计文件编制深度规定》(2013 年版)

(34)《工程建设标准强制性条文》

2. 建筑专业

(1)《建筑抗震设计规范(2016 年版)》(GB/T 50011—2010)

(2)《建筑地基基础设计规范》(GB 50007—2011)

(3)《建筑结构荷载规范》(GB 50009—2012)

(4)《建筑基坑工程监测技术标准》(GB 50497—2019)

(5)《建筑地基基础工程施工质量验收标准》(GB 50202—2018)

(6)《建筑结构可靠性设计统一标准》(GB 50068—2018)

(7)《建筑给水排水及采暖工程施工质量验收规范》(GB 50242—2002)

(8)《建筑设计防火规范》(GB 50016—2014)

(9)《建筑物电子信息系统防雷技术规范》(GB 50343—2012)

(10)《建筑节能工程施工质量验收标准》(GB 50411—2019)

(11)《室外给水排水和燃气热力工程抗震设计规范》(GB 50032—2003)

(12)《建筑基坑支护技术规程》(JGJ 120—2012)

(13)《建筑地基处理技术规范》(JGJ 79—2012)

3. 结构专业

(1)《混凝土结构设计规范》(GB 50010—2010)(2015 年版)

(2)《构筑物抗震设计规范》(GB 50191—2012)

(3)《给水排水工程管道结构设计规范》(GB 50332—2002)

(4)《给水排水工程构筑物结构设计规范》(GB 50069—2002)

(5)《地下工程防水技术规范》(GB 50108—2008)

(6)《室外给水排水和燃气热力工程抗震设计规范》(GB 50032—2003)

(7)《砌体结构设计规范》(GB 50003—2011)

(8)《钢结构设计标准》(GB 50017—2017)

(9)《建筑工程抗震设防分类标准》(GB 50223—2008)

(10)《建筑边坡工程技术规范》(GB 50330—2013)

(11)《混凝土外加剂应用技术规范》(GB 50119—2013)

(12)《给水排水工程管道结构设计规范》(GB 50332—2002)

(13)《给水排水构筑物工程施工及验收规范》(GB 50141—2008)

(14)《混凝土结构耐久性设计标准》(GB/T 50476—2019)

(15)《建筑结构制图标准》(GB/T 50105—2010)

(16)《建筑桩基技术规范》(JGJ 94—2008)

(17)《混凝土结构耐久性设计与施工指南(2005 年修订版)》(CCES 01—2004)

(18)《水工混凝土结构设计规范》(SL 191—2008)

(19)《给水排水工程钢筋混凝土沉井结构设计规程》(CECS 137—2015)

(20)《给水排水工程钢筋混凝土水池结构设计规程》(CECS 138：2002)

4. 水工专业

(1)《河道整治设计规范》(GB 50707—2011)

(2)《堤防工程设计规范》(GB 50286—2013)

(3)《防洪标准》(GB 50201—2014)

(4)《城市防洪工程设计规范》(GB/T 50805—2012)

(5)《城市地下水动态观测规程》(CJJ/76—2012)

(6)《水利水电工程等级划分及洪水标准》(SL 252—2017)

(7)《水利水电工程设计洪水计算规范》(SL 44—2006)

(8)《水工建筑物荷载设计规范》(SL 744—2016)

5. 测量专业

(1)《工程测量通用规范》(GB 55018—2021)

(2)《精密工程测量规范》(GB/T 15314—1994)

(3)《测绘成果质量检查与验收》(GB/T 24356—2023)

(4)《城市测量规范》(CJJ/T 8—2011)

6. 勘察地质专业

(1)《中国地震动参数区划图》(GB 18306—2015)

(2)《岩土工程勘察规范(2009 年版)》(GB 50021—2001)

(3)《岩土工程勘察安全标准》(GB/T 50585—2019)

(4)《市政工程勘察规范》(CJJ 56—2012)

(5)《城市综合地下管线信息系统技术规范》(CJJ/T 269—2017)

（6）《建筑工程地质勘探与取样技术规程》(JGJ/T 87—2012)

（7）《公路工程地质勘察规范》(JTGC 20—2011)

（8）《房屋建筑和市政基础设施工程勘察文件编制深度规定》(2020 年版)

附录 B

城镇排水管网流量和液位 在线监测技术规程

1. 总则

1.1 为规范城镇排水管网流量和液位在线监测的技术要求,制定本规程。

1.2 本规程适用于城镇排水管网流量和液位在线监测的方案设计、设备选型、设备安装与维护、数据采集与应用。

1.3 城镇排水管网流量和液位在线监测应符合本规程规定外,尚应符合国家现行有关标准的规定。

2. 术语

2.1 在线监测 online monitoring

通过在排水管网内安装监测设备,实时、连续地对流量和液位指标进行测定以及数据传输。

2.2 监测点位 monitoring site

通过对排水管网进行综合技术分析,确定需要安装在线监测设备的点位。

2.3 监测区域 monitoring area

所需监测排水管网的服务范围或者覆盖区域。

2.4 断面面积法 sectional-area method

利用断面平均流速和断面截面积的乘积获得排水管网断面流量的方法。

2.5 物联网平台 IoT software system

集成了设备管理、数据安全通信和消息订阅等功能的一体化平台。向下支持海量设备连接与数据接入;向上提供数据共享与订阅、终端设备管理及设备远程控制等相关服务。

3. 监测方案设计

3.1 一般规定

3.1.1 监测方案应明确监测目的、监测区域、监测对象、监测内容、监测频次等内容。

3.1.2 监测区域应根据监测目的及地区发展现状和实际需求,结合排水体制、排水设施分布、排水管网系统拓扑关系进行合理分区。

3.1.3 排水管网流量和液位在线监测应根据监测目的和需求不同,选用长期固定监测、临时监测两种方式之一开展监测。

3.1.4 监测点位的布置应在分析已收集资料基础上展开,并应符合下列布置原则:

(1) 监测点位布置应与监测目的相匹配;

(2) 监测点位布置应能反映管网运行的系统特征和管网运行状况;

(3) 监测点位布置应避免因排水管道条件或其他环境因素对监测数据产生影响;

(4) 情况较复杂的管网,宜结合监测目的对监测点位进行加密布置。

3.1.5 当监测目的发生重大变化或监测方案不能满足监测需求时,应根据实际情况及时调整监测方案。

3.1.6 排水管网流量和液位监测点位的踏勘范围应满足流量和液位监测的需求,踏勘内容应包括监测位置环境条件和监测对象基本情况。

3.1.7 踏勘应有详细的记录,记录资料应详实、准确、完整。

3.2 监测方案内容

3.2.1 监测方案内容应包括项目概况、现状分析、技术选择、监测布点、设备选型、设备安装与维护,并应符合下列规定:

(1) 监测方案制订的背景应包括社会背景、自然背景及监测目的;

(2) 应对监测区域内排水体制、排水设施、溢流点分布、截流井分布、易涝点分布等现状进行分析,明确问题和需求,制定整体方案;

(3) 应在分析监测区域本身的特性和需求的基础上,遵循科学可靠、稳定适用、适度先进的原则下,制订监测方案的技术路线;

(4) 应遵循目的性、覆盖性、经济性、可行性的基本原则,形成监测布局图,并宜对不同类型的监测设备和不同的监测对象进行监测点位的标记,以直观展示监测点位的数量和分布情况;

(5) 应根据监测原理的要求,推荐合适、稳定、可靠的监测设备;

(6) 应根据不同环境条件和设备类型,推荐安装和维护的基本方法。

3.2.2 监测方案内容宜包括设备调试及验收、数据采集与应用、投资预算、工作组织和实施计划等内容。

3.3 资料收集

3.3.1 应收集排水管网基本情况,包括排水管渠、检查井、雨水管渠排放口、截流系统溢流出口、排水泵站及调蓄池等设施的空间位置、属性等基础资料。

3.3.2 应收集区域内排水系统规划、治理方案、设计文档以及相关工程竣工、普查等技术资料。

3.3.3 应收集易涝点分布及积水范围的调研数据、监测数据。

3.3.4　应收集区域内基础地理信息资料,宜包括地质、地形地貌和土地利用类型图等资料。

3.3.5　应收集监测区域内河流水系资料以及水文、气象等数据。

3.3.6　应收集监测区域内信息化建设基础资料,包括现有的排水管网在线监测设备和监测数据。

3.4　监测点位布置

3.4.1　下列部位宜布置流量监测点位:

(1)分流系统中污水干管接入主干管的管道、主干管交汇检查井的上游井或上游管道宜布置流量监测点位;

(2)合流制排水系统或合流制和分流制并存的排水系统中长期保留的合流制溢流排放口或污水截流井、合流污水泵站宜布置流量监测点位;

(3)疑似有大量外来水进入或水质突变的管道区段、上游及下游宜布置流量监测点位;

(4)排污量较大的重点排水户接市政管井宜布置流量监测点位;

(5)大型住宅区接市政管井宜布置流量监测点位。

3.4.2　下列部位宜布置液位监测点位:

(1)沿河敷设的管道和水体中宜布置液位监测点位;

(2)沿河雨水排口和对应的河道宜布置液位监测点位;

(3)低洼地区、下穿立交等易积水和易冒溢区域的检查井宜布置液位监测点位;

(4)冒溢风险较高的分流制污水管网节点和合流制管网节点宜布置液位监测点位。

3.4.3　监测点位出现下列情况时,宜对点位进行调整:

(1)排水系统规划变更;

(2)排水系统体制变更;

(3)区域用地性质变更;

(4)市政管网改造,造成现有监测点位不符合布设要求;

(5)监测结果表明现有的监测点位无法满足管网评价或其他需求的要求;

(6)不利于日常运维、信号传输困难及其他不利于开展监测工作的情况。

3.5　监测点位踏勘

3.5.1　监测点位踏勘内容应包括周边环境踏勘、基础信息踏勘、检查井信息踏勘、管道信息踏勘、水流信息记录,并应符合下列规定:

(1)周边环境踏勘应包括监测区域内的地物、地貌、交通状况等环境条件,附近的土地使用类型及排水户类型;

(2)基础信息踏勘应包括点位名称、所在地址、点位经度、点位纬度等;

(3)检查井踏勘应包括检查井盖的编号、检查井高程、井盖情况、管口位置、积水深度、带压情况、井壁情况、井内信号值等;

（4）排水管道信息踏勘应包括管渠尺寸、管道材质、管底高程、井深、埋深、淤积、缺陷情况等；

（5）水流信息记录应包括水流方向、水流流速、管内油脂情况等；

（6）监测点位踏勘资料收集宜符合表 B-1 的规定。

表 B-1　管网点位踏勘记录表

点位名称		所在镇街（村）	
监测目的		养护人员信息	
站点经度/站点纬度		井盖高程	
站点类型	污水井□　雨水井□　合流污水井□　雨水排口□　其他：_____		
井盖数据	井盖编号：_____　　　井盖尺寸：_____（mm）		
	无线网络信号强度：地面_____（dBm）　　井下 _____（dBm）		
	材质：水泥金属复合 □　铸铁 □　复合材料 □　其他：_____		
井室数据	井深：_____（m）埋深：_____（m） 当前水位高度：____（m）		
	井壁：水泥 □　　红砖 □　　一体化塑料 □　　其他：_____		
	井室类型：_____　　　　井室内是否有扶梯：是 □　　否 □		
	油脂情况：有明显油脂　□　无明显油脂 □		
	底部沉积情况：有厚淤泥 □　有少量淤泥 □　无淤泥 □		
管道数据	管道材质：波纹管 □　砼 □　　克拉缠绕管 □　塑料直壁管 □　金属管 □　其他 _____		
	管径：_____（cm）　　日常水位波动：_____（cm）		
	流速及流向：_____		
	是否满管：满管 □　非满管 □　管内液位高度：_____（cm）		
	管口情况：与井室底部齐平 □　高于井室底部 □ 高于底部距离_____（cm）		
	其他		
设备安装条件评估	理想 □　一般 □　难度较大 □　不适合 □		
备注 （周边排污企业等）			
踏勘负责人： 　　　　　　　　　　　　　　　　　　　　日期：			

3.5.2 对于不宜公开的事项,应做好保密工作。

3.5.3 踏勘任务结束后,作业人员应尽快整理踏勘记录,并形成踏勘报告。踏勘报告应包括监测项目概况、监测点位现状、安装条件、问题与建议等内容。

4. 监测设备选型

4.1 一般规定

4.1.1 监测设备应适用于排水管网的运行工况,并应安装简单、维护方便、稳定性与可靠性强。

4.1.2 监测设备应有数据采集、存储、传输功能,并可设置采集及数据传输频率。

4.1.3 监测设备应有数据采集暂停功能。

4.1.4 除本规程规定的监测设备外,在满足监测环境条件、设备技术性能要求的情况下,也可采用其他类型的监测设备进行管网流量和液位监测。

4.1.5 监测设备宜预留水质分析仪器的接口。

4.1.6 应采用防爆型监测设备,防爆等级宜为本质安全型。

4.1.7 监测设备的防护等级应符合现行国家标准《外壳防护等级(IP 代码)》GB/T 4208 的有关规定,监测设备防护等级应为 IP68。

4.1.8 监测设备应使用耐腐蚀的材料,同时具备耐酸耐碱耐离子腐蚀能力,且需通过盐雾测试。盐雾测试方法及要求应符合现行国家标准《人造气氛腐蚀试验 盐雾试验》GB/T 10125 的有关规定;试验时间不宜少于 24 h,试验后监测设备表面不应出现锈蚀。

4.1.9 监测设备材料中限用物质的最大允许含量应符合现行国家标准《电子电气产品中限用物质的限量要求》GB/T 26572 的有关规定。

4.1.10 液位和流速监测传感器宜使用抗污阻垢材料或者涂层,或传感器具有自清洁功能。

4.1.11 监测设备应具备数据采集、数据储存、数据传输和校准功能。监测时间间隔应小于或等于 5 min;采集周期和上传频次可根据实际情况进行调整,宜在整分钟时间点进行数据采集。

4.1.12 监测设备通信宜通过无线网络进行。

4.1.13 监测设备供电系统应安全可靠。宜选择电池供电,当电池电量低于阈值时,应能自动上报提示信息。

4.1.14 监测设备应具备数据预警功能。可设置预警阈值,当超过阈值时,应能自动产生、发送报警信息。

4.1.15 监测设备应具备数据离线存储功能。当设备不能和服务器进行数据通信时,设备应保存监测数据,存储数量不宜少于 10 万条;当通信恢复后,应补传离线数据。

4.2 液位监测设备

4.2.1 排水管网液位监测方法分为接触式监测和非接触式监测。

4.2.2 应根据现场情况选择合适的液位监测设备,减小污水中其他物质对传感器的影响;也可组合使用不同监测方法,从而避免出现测量盲区。

4.2.3 液位监测设备的技术指标,应符合下列规定:

(1)液位监测设备的量程应为 1 m、3 m、5 m、7 m、10 m、15 m 等;

(2)液位监测设备的分辨率应为 1 mm;

(3)液位监测设备的最大允许误差应为±1%FS,测量回差应小于或等于 0.5%FS。

4.3 流量监测设备

4.3.1 排水管网流量监测宜采用速度面积法,按下式计算:

$$Q = V \times (S - X)$$

式中:

Q——排水管网流量;

V——断面流速,可通过流速监测设备测量得出;

S——断面面积,宜按本规程附录 B 的规定确定;

X——传感器在断面中的截面积。

4.3.2 断面面积法计算排水管网流量所用的监测设备应包括流速监测设备和液位监测设备。

4.3.3 流量监测中液位监测设备的技术指标除应符合本规程第 4.2.3 条的规定外,尚应符合下列规定:

(1)液位监测设备的量程不应低于 2 m,可根据管径等其他因素扩展至 10 m;

(2)液位监测设备的最大允许误差应为±0.5%FS,测量回差应小于或等于 0.25%FS;

(3)液位监测设备应适应地下管网恶劣环境,并应适合浅流、非满流、满流、管道过载等各种工况条件;

(4)液位监测设备数据采集的时间间隔应小于或等于 1 min/次,计算断面面积时应采用与流速监测设备采集频率相同的监测数据。

4.3.4 流量监测中流速监测设备的技术指标应符合下列规定:

(1)流速监测设备的量程应为±6 m/s。

(2)流速监测设备的分辨率应为 1 mm/s。

(3)流速监测设备的最大允许误差应为±5%FS,测量重复性应小于或等于 2.5%FS。

(4)当监测点位的流速大于或等于±0.05 m/s 时,应可以进行准确测量,且在正向、逆流工况下均可进行测量。

(5)流速监测设备应可测量一般液体的流速以及液固两相流体的流速。

4.3.5 排水管网流量监测所使用的液位计、流速计的形状和尺寸应科学合理。安装于窨井内壁的设备不应影响窨井日常维护操作;安装于排水管道内壁的设备不应影响正常排水,设备截面积不宜超过管径截面积的 1/10。

5.　监测设备安装与维护

5.1　一般规定

5.1.1　监测设备进场安装前,应检查产品性能检测合格报告,并查看产品包装和外观状况。

5.1.2　监测设备安装时不应对排水管网排水能力和管道日常维护造成影响,避免排水管网中垃圾堆积造成淤堵。

5.1.3　监测设备的安装宜避开温度高、机械振动大、磁场干扰强、腐蚀性强的环境,宜选择易于安装、巡检与维护的位置。

5.1.4　监测设备安装过程中,应确保设备各部件的防水密封性能达到要求。

5.1.5　应根据排水管网的具体情况和所选设备的特点确定巡检维护内容,制订巡检维护计划,并应据此设置合理的工作制度、选聘岗位人员,制订安全措施和应急预案。

5.2　设备安装

5.2.1　排水管网流量和液位在线监测需要安装的设备应包括数据采集传输设备、液位监测设备、流速监测设备。

5.2.2　数据采集传输设备的安装应确保设备的安全性、紧固性和数据传输的稳定性,应兼顾设备维护的便捷性等要求。

5.2.3　液位监测设备安装应符合下列规定:

(1)接触式液位监测设备的安装应符合下列规定:

① 安装位置应避开底部沉积物;

② 设备安装时应使用线束做有效固定。

(2)非接触式液位监测设备的安装应符合下列规定:

① 设备安装位置不应影响井盖正常开启和关闭;

② 传感器发射波束辐射区域内不得有障碍物;

③ 监测设备宜安装于窨井侧壁合适位置并使用线束做有效固定;

④ 传感器发射面应调水平,并应在安装完毕后清理干净。

(3)接触式与非接触式监测设备组合工作时,接触式液位监测设备应安装于非接触式液位监测设备下方,应能在非接触式液位监测设备盲区测量范围内自动启动监测工作。

(4)对跌水井进行液位监测时,监测设备应安装在来水管道内。

5.2.4　流量监测设备安装应符合下列规定

(1)接触式流速监测设备安装前宜对检查井和管道进行清淤、冲洗;宜水平安装于管底或管道侧壁,同时保证与水流方向平行一致,传感器前端不得有阻挡物干扰水流流态;

管网水量大且不易封堵的设备安装点位,宜用安装支架将传感器伸进管道内进行监测,并应固定支架于井壁。

(2)非接触式流速监测设备应安装在排水管道管顶或检查井侧壁合适位置,并按照一定角度照射到管内水面;安装应牢固,安装时底板应采用不锈钢膨胀螺丝安装固定;前端不得有阻挡物干扰水流流态。

5.2.5 监测设备安装使用的辅材、设备应符合现行国家标准《外壳防护等级(IP 代码)》GB/T 4208 的有关规定,防护等级应为 IP68。辅材及设备支架应使用耐腐蚀的材料,同时具备耐酸耐碱耐离子腐蚀能力,且需通过盐雾测试。盐雾测试方法及要求应符合现行国家标准《人造气氛腐蚀试验 盐雾试验》GB/T 10125 的有关规定;试验时间不宜少于 24 h,试验后辅材及设备表面不应出现锈蚀。

5.3 设备调试及验收

5.3.1 监测设备调试时应完成各类参数配置,设备应能正常工作。

5.3.2 监测设备安装的验收应按本规程第 5.2.3 条和第 5.2.4 条的规定逐条审核。

5.3.3 监测设备的数据验证宜采用下列方法:

(1)液位监测设备宜采用经第三方检测机构校准的长度测量设备对排水管网液位进行人工测量,并宜与现场设备的监测数值进行对比;

(2)流量监测设备宜采用经第三方检测机构校准的便携式检测设备对排水管网流量进行测量,并宜对比现场设备的监测数值。

5.4 设备维护

5.4.1 监测设备的维护工作应包括周期性维护、预测性维护、维修等内容。

5.4.2 设备的周期性维护应符合表 B-2 的规定。

表 B-2 设备周期维护要求

序号	维护项目	维护内容	维护周期
1	设备定期巡检	监测设备的清洁;监测设备安装牢固、破损、位移的检查及处理	1 个月~2 个月
2	设备检定或校准	按照相关规范进行校准或者检定	12 个月
3	物联网平台巡检	监测数据质量检查,对数据异常情况进行诊断识别和现场处置	每天
4	特殊维护	在汛前、汛中、汛后对监测设备进行检查维护	按需
5	其他	突发故障检修、更换电池等备品备件	按需

5.4.3 监测设备若出现故障,宜在 48 h 内完成修复或更换。

5.4.4 监测设备维护应有完整的记录。

5.4.5 监测设备维护过程中应暂停数据采集。

6. 数据采集与应用

6.1　一般规定

6.1.1　应统筹利用监测区域排水管网的液位、流量监测数据,开展系统化数据管理与应用。

6.1.2　数据采集与应用应满足及时性、准确性、可靠性、稳定性、安全性的要求。

6.2　数据采集、传输与存储

6.2.1　数据采集内容应包括监测设备名称和编号,数据采集时间及对应的液位、流量监测数据,监测设备故障、供电与网络通信情况。

6.2.2　数据传输应遵循安全、高效、低功耗的原则,应采用标准化常规通信协议,将现场监测数据上传至物联网平台,应具有加密通信、数据校验、断点续传、权限设置功能。

6.2.3　数据存储宜采用时序型数据库对采集数据进行实时存储,并高效地更新、查询和备份历史数据。

6.3　数据应用

6.3.1　通过应用平台,应能实现监测数据的查询、下载、管理和推送。

6.3.2　应用平台应支持在线监测报警功能,对超过阈值、设备量程的数据进行报警,并应对监测设备的运行状态进行自动判断和报警。

6.3.3　监测数据通过应用平台的统计、分析,应能满足专题分析的需求,包括排水管网入流入渗计算,排水管网雨污分流状况评估,雨水及合流溢流排放情况分析,管道堵塞、破损定位与评估,污水处理设施冲击预警预测,偷排、漏排情况判断等。

6.4　数据安全

6.4.1　数据传输时应进行数据加密和身份认证。

6.4.2　数据应用平台应加强网络信息安全防护措施。

7. 安全管理与操作

7.1　一般规定

7.1.1　应建立健全项目安全管理制度、安全操作规程及安全应急预案。

7.1.2　应对从事踏勘、安装及维护的作业人员进行安全及作业培训。

7.1.3　排水管网的踏勘、安装及维护应实行作业前工作交底制度。

7.1.4　排水管网踏勘、安装及维护工作的安全操作应符合现行行业标准《城镇排水管道维护安全技术规程》CJJ 6 的有关规定。

7.2　作业安全

7.2.1　在地面进行踏勘、安装及维护工作时应配置不少于 3 名工作人员,其中应至少包含 1 名安全员负责现场安全防护事项。

7.2.2　在井下进行踏勘、安装及维护工作时应配置不少于 4 名工作人员,其中应至少包含 2 名安全员负责现场安全防护事项。

7.2.3　排水管网安装及维护作业时应配备防护设备与用品,包括现场安全防护装备、下井防护用品。

7.2.4　不宜在雷雨等恶劣天气作业。夜间作业时,应在作业区域周边明显处设置警示灯。作业完毕,应及时清除障碍物。

7.2.5　在已采取常规措施仍无法保证井下空气的安全性时,下井作业人员应佩戴隔离式呼吸器。夏季作业现场应配置防晒及防暑降温物品和药品。

7.3　应急救援

7.3.1　项目开始前必须制订火灾、爆炸、中毒、窒息、交通意外、防汛、跌落外伤、中暑等事故应急救援预案,并应按规定定期演练。

7.3.1　事故发生后,应立即启动应急救援预案。

附录C

附　表

本书中所涉及测量表、评估表等参考表 C-1～表 C-10。

表 C-1　用水量统计表

序号	单位名称	年用水量（t/年）
1		
2		
...		

表 C-2　施工作业情况表

序号	工程名称	位置	占地面积	实施阶段	是否有基坑降水	基坑降水量
1						
2						
...						

表 C-3　污水管网外来水入流入渗分区评估表

序号	监测点	位置	汇水分区	水质指标	外水入渗入流量占比 R	评价等级
1						
2						
...						

表 C-4　穿渠过河管段水质流量检测结果统计表

采样点位		管道位置图示	流量或特征水质	是否有渗漏	渗漏严重程度
序号	位置				
1	（进水）				
2	（水体）		—		
...	（出水）				

表 C-5　污水管网汇水分区混接程度评估结果表

序号	监测点	位置	汇水分区	雨水占比	评价等级
1					
2					
…					

表 C-6　排口情况统计表

序号	排口编号	排入水体	坐标	管底高程	枯水期水位	丰水期水位	是否可能发生倒灌
1							
2							
…							

表 C-7　检测点位信息表

监测点编号	经纬度	点位信息(干管、支管、地下水点位等)	点位描述	现场记录	备注
1					
2					
…					

表 C-8　水质取样表

样品编号	经纬度	采样日期	采样时间	采样方法	天气状况及气温	现场记录	备注
1							
2							
…							

表 C-9　流量监测表

监测点编号	经纬度	点位信息(干管、支管、地下水点位等)	点位流量(L/s)	现场流量测量情况记录	备注
1					
2					
…					

表 C-10 城镇排水管网诊断评估报告大纲

序号	章名	主要内容
1	总论	项目背景
		预诊断工作范围
		预诊断工作依据
		预诊断目标与目的
		技术路线
2	区域概况	城市概况
		发展现状
		自然条件
3	排水管网系统现状及问题	排水体制分析
		管网现状调查
		排水系统运行现状
		其他问题
4	区域用水数据分析	居民用水数据统计
		企事业单位用水数据统计
		工业（企业）用水数据统计
		其他用水单位、团体用水数据统计
5	排水系统相关设施运行情况及水质水量分析	泵站拓扑关系及服务范围分析
		泵站运行数据分析
		污水处理厂服务范围分析
		污水处理厂水质水量数据分析
		工业废水处理及入网情况分析
		施工工地调查及施工用水排放分析
6	排水管网系统性分析及监测方案	管网拓扑关系分析
		管网关键节点分析
		监测方案
7	管网外来水入渗入流分析	基于排口调查的倒灌分析
		基于关键节点水质监测的入渗入流分析
		管网入渗入流定量评估
8	雨污混接情况分析	关键节点水量监测结果分析
		雨水入网评估
9	结论与意见	结论
		意见

参 考 文 献

［1］中持股份.值得借鉴:欧美国家构建城市未来污水管网方案［N/OL］.中国水网,2020-
08-26［2023-09-01］.https://www.h2o-china.com/news/313444.html.

［2］王思思,李畅,李海燕,等.老城排水系统改造的绿色方略——以美国纽约市为例
［J］.国际城市规划,2018,33(03):141-147.

［3］唐建国,张悦.德国排水管道设施近况介绍及我国排水管道建设管理应遵循的原则
［J］.给水排水,2015,51(05):82-92.

［4］陶相婉,等.他山之石:新加坡城市水管理经验与启示［EB/OL］.(2020-11-16).
https://huanbao.bjx.com.cn/news/20201116/1116059.shtml.

［5］唐建国.横滨下水道设施现状情况介绍［C］//全国中小城镇市政污水处理工程技术
工艺高级研讨会.中国土木工程学会,2005.

［6］张嘉毅,唐建国,张建频,等.日本横滨排水设施建设及运行管理经验和启示(上)
［J］.给水排水,2008(12):116-123.

［7］翁文林,吕永鹏,唐晋力,等.长江大保护城镇污水处理新模式新机制实践与探索
［J］.给水排水,2021,57(11):48-53.

［8］陈君翰,苏健成,张君贤,等.广州市猎德污水处理系统"一厂一策"系统化整治［J］.
中国给水排水,2020,36(22):7-12.

［9］马兰,林林,段军波.广州市增城区石滩污水处理系统提质增效案例分析［J］.给水排
水,2021,57(09):37-43.

［10］姚娟.广州市城镇污水处理系统提质增效工作方案浅析［J］.环境保护与循环经济,
2022,42(07):40-42.

［11］鄢琳,荣宏伟,谭锦欣,等.珠三角流域某片区污水管网提质增效实施策略分析［J］.
给水排水,2021,57(11):132-137.

［12］包晗,唐颖栋,方刚,等.深圳茅洲河流域某污水收集片区外水侵入情况排查与整治
［J］.给水排水,2021,57(03):74-78.

［13］[s.n.].北京市城镇污水处理提质增效案例分享［N/OL］.网易新闻,2019-05-24

[2023-09-01]. https://www.163.com/dy/article/EFUHBGFJ05148U02.html.

[14] 刘宝富,张德祥,郭晶晶,等. 山东省城市污水处理提质增效措施及对策[C]//陕西:中国环境科学学会 2019 年科学技术年会环境工程技术创新与应用分论坛,2019.

[15] 吕永鹏. 城镇污水处理提质增效"十步法"研究与应用[J]. 中国给水排水,2020,36(10):82-88.

[16] 彭震宇. 闭路电视检测技术在公共排水管道检测评估中的应用[J]. 建筑监督检测与造价,2009,2(08):28-33.

[17] 李卫海,林碧华,廖海山. 城镇排水管道检测技术的发展与应用[J]. 广州建筑,2009,37(01):33-37.

[18] 李田,郑瑞东,朱军. 排水管道检测技术的发展现状[J]. 中国给水排水,2006(12):11-13.

[19] 王艺,李冠男,杨乐. 排水管道检测技术[J]. 河南科技,2010(14):49-50.

[20] 黄哲璁. 基于探地雷达的管道漏损检测研究[D]. 杭州:浙江大学,2019.

[21] 江章景. 矩形排水管道结构检测评价与修复技术研究[D]. 北京:中国地质大学,2020.

[22] 范丽,汤寅寅. 城镇排水管道检测技术现状与探索创新[J]. 山西建筑,2021,47(17):104-105.

[23] 李金龙. 我国城市排水管道检测与修复技术研究[J]. 工程建设与设计,2021(01):89-90.

[24] 陈浩,钟文威. 管道内窥联合检测技术在广州黑臭水体治理中的应用[J]. 广东水利水电,2021(03):97-102.

[25] 李晓鹏,杨露,李新春. 排水管道内窥检测项目技术研究[J]. 智能城市,2020,6(04):62-63.

[26] 陈毅,郭嘉昕,欧德龙. 基于 CCTV 技术的城市老旧污水管道检测与评估——以莆田市城笏路为例[J]. 净水技术,2020,39(12):160-164.

[27] 周良洁,郑天龙,刘俊新. 农村排水管道有害气体风险防控——以城市排水管道有害气休产生及风险控制为启示[J]. 环境保护科学,2020,46(05):124-132.

[28] 覃茂欢,陈辉,何劻,等. 缺陷检测技术在污水管道运维中的选择与应用[J]. 测绘技术装备,2020,22(03):91-94.

[29] 王俊岭,邓玉莲,李英,等. 排水管道检测与缺陷识别技术综述[J]. 科学技术与工程,2020,20(33):13520-13528.

[30] 张云霞,吴嵩,李翅,等. 声呐检测系统在排水管道淤积调查中的应用[J]. 测绘与空间地理信息,2020,43(08):216-218.

[31] 王永涛,朱珺,李东明,等. 市政排水管道检测中的声呐成像系统设计[J]. 电子技术

应用,2017,43(01):111-113.

[32] Haurum J B, Moeslund T B. A Survey on Image-Based Automation of CCTV and SSET Sewer Inspections[J]. Automation in Construction, 2020, 111: 103061.

[33] Chae M J, Abraham D M. Neuro-Fuzzy Approaches for Sanitary Sewer Pipeline Condition Assessment[J]. Journal of Computing in Civil Engineering, 2001, 15 (1):4-14.

[34] Kirkham R, Kearney P D, Rogers K J, et al. PIRAT—A System for Quantitative Sewer Pipe Assessment[J]. The International journal of robotics research, 2000, 19(11): 1033-1053.

[35] Bersan S, Koelewijn A R, Putti M, et al. Large-Scale Testing of Distributed Temperature Sensing for Early Detection of Piping[J]. Journal of Geotechnical and Geoenvironmental Engineering, 2019, 145(9).

[36] 徐晔. 论城市排水管道检测技术的应用及发展[J]. 大众标准化,2020(04):19-20.

[37] 肖涛,滕严婷,汪维,等. 基于水量水质分析的雨水管网状态诊断研究[J]. 给水排水, 2020,56(02):121-124.

[38] 沈伟康,滕严婷. 基于水位监测的雨水系统管道运行状态诊断研究[J]. 城市道桥与 防洪,2017(07):84-86.

[39] 徐祖信,汪玲玲,尹海龙,等. 基于特征因子的排水管网地下水入渗分析方法[J]. 同 济大学学报(自然科学版),2016,44(04):593-599.

[40] 李若晗. 城市污水管道检测、评价与影响因素研究[D]. 北京:清华大学,2016.

[41] 黄金明,周质炎,李修富,等. 内衬高密度聚乙烯钢筋混凝土管的应用研究[J]. 城市 道桥与防洪,2022(04):195-197.

[42] 向维刚,马保松,赵雅宏. 给排水管道非开挖 CIPP 修复技术研究综述[J]. 中国给水 排水,2020,36(20):1-9.

[43] 曹井国,石东优,董泽樟,等. 翻转式原位固化(CIPP)技术用于城市排水管道修复 [J]. 中国给水排水,2021,37(06):128-133.

[44] 刘琳,刘勇,黄宁君. 新型原位热塑成型管道非开挖修复技术应用案例[J]. 中国给水 排水,2021,37(06):134-137.

[45] 忻少华. PVC 模块内衬法在排水管道非开挖修复中的应用[J]. 城市道桥与防洪, 2021(07):308-311.

[46] 罗智程. 给水管道不锈钢内衬非开挖修复技术研究与应用[J]. 中国给水排水,2021, 37(16):102-107.

[47] 费婷. 短管内衬法在城市管道修复中的设计与分析[J]. 城市道桥与防洪,2019(06): 175-177.

[48] 解铭,郑涛,虞峰,等.非开挖修复技术在上海市四平路排水管道修复中的应用[J].环境工程,2020,38(12):45-48.

[49] 付兴伟.排水管道非开挖修复技术比选方法研究[J].给水排水,2021,57(S2):422-424.